民國園藝史料匯編 3

《民國園藝史料匯編》編委會 編

第2輯

江蘇人民出版社

第三册

桃樹園藝栽培概要

永茂農場 著

文新印書館
民國二十四年

民國二十四年十一月

桃樹園藝栽培概要

永茂農場著

桃樹園藝栽培概要目次

前言

農村破產個人失業銀行倒閉金融枯竭種種社會不景氣之空氣普遍的籠罩於全世界尤其是生產落後的中國影響最鉅試一翻檢日報其因感受經濟壓迫失業痛苦而致投海服毒者幾無日無之於是乎復興農村提倡生產事業之聲浪日高惟是言者自言聽者自聽於事仍屬無補本場素抱苦幹之旨慘淡經營十有餘年專栽蜜桃兼事畜養及特用作物爰將平日經驗所得筆而付梓非敢自炫亦以供有志生產事業之同志略作參考云耳

桃樹園藝栽培概要

桃爲近代新興園藝之一因其栽培易結果速產量豐獲利多而栽之者亦日增更以其外觀美甜味富漿汁足價値廉極受社會一般人士之歡迎如此五爲因果故雖處此農村破產百業凋敝之時而業此者仍有增無減良有以也茲將栽桃必要手術述後

開園　選擇沙質壤土排水便利氣候溫和向陽之地預築一丈闊之畦畦面每距一丈開直徑一尺深六七寸之穴內入腐熟大豆粕五六兩上蓋細泥以備植苗排列法三角形較正方形爲佳每畝可植六十株

植期　種植桃苗時期自落葉後至放葉前約自十月下旬至三月下旬在

此五個月之內均可種植惟嚴寒冰凍之地可待冰溶後種植以防凍傷

選苗　選購苗木最宜注意偶一不愼貪一時便宜誤購劣苗不但損失金錢且時間與精神俱感損失故宜向信用可靠實地經營果業者選購爲妥苗以品種純正鬚根衆多枝幹健壯者爲佳

栽植　購進之苗如中途擱置多日可先假植四五天每晚灌水一次以待復原定植時將苗放置穴中理直鬚根上覆細泥微加搖動使泥土充塡根間空隙更用足輕輕踏實再加土成饅頭形如天氣乾燥可於初種一二週內每晚灌以淸水

副產　初栽苗木據地不多副產之栽培不容忽視苟經營得法則兩季作物之收獲勉可抵地租與人工之支出冬作可栽油菜小麥等作物夏季可

栽大豆赤豆西瓜等作物

整枝　植後於苗木離地一尺五寸處剪截之待春苗芽放葉時留三芽使成主枝并使斜向上方成四十五度之角度次年更於三主枝兩側各留兩芽使成六主枝第三年更於六主枝兩側各留兩芽入冬則十二主枝平均展開形成極整齊之杯狀形矣

剪枝　桃之習性頂芽最易發育徒長結果多爲上年發生之新枝如不逐年舉行適當之剪枝每易使結果枝逐年上移非但樹勢錯亂工作不便且有促短結果年齡之虞故剪枝工作亦爲業此者重要作業之一茲分述夏季及冬季之剪枝法於下

夏季剪枝法　主枝所發生之新枝如勢力旺盛則易趨徒長可於基部留

一二副枝處剪截之使副枝代之冬季剪定時預留之芽如因他故而不能發生時可在最上部有芽發生處剪截之使芽發生良好之結果枝剪枝時期可於五月下旬至七月中旬間行之

冬季剪枝法　冬季剪枝之時期自落葉後至發芽前行之在主枝發生之新枝兩側着生若干之結果枝除留下部健壯而着生多數花芽之結果枝三四枝外餘悉剪去并於每結果枝留一尺內外剪去尖梢此外如枯枝徒長枝及曾生病虫害或腐爛之枝悉行除去之

施肥　桃樹發育旺盛不宜過肥否則易趨徒長枝葉少生花芽惟欲果實味美產量旺盛則適宜之施肥亦爲必要冬期以大豆粕米糠牛骨粉三種以四比四比一之比例預先拌和堆置醱酵後施用於一月中旬在樹週開

輪狀溝施放之其量每樹約用二斤第二次待果實如母指大小時用腐熟人糞尿每株施放半桶第三次於果實收獲後施用腐熟人糞尿每株半桶或菜餅二斤

摘果　桃樹開花後大部都可結果雖有少數落下仍嫌過多若一任其自然則產數雖多而果小品劣售價低賤得不償失是非加以删摘不可摘果以五月中旬行之爲妥每結果枝留二三枚果形圓大相距均勻者外餘如小果病果及虫傷果等均在摘除之列

套袋　套袋用紙袋都以舊報紙黏成大概用舊中報紙或舊新聞報紙每張可開十二袋天平秤每担舊報紙可貼袋三萬餘只舊報紙每担價約五六元之數照敝處習慣發給附近女工黏貼每千袋三百文（漿糊在內）如

此每萬袋連工料約合銀三元套袋時期可在摘果後行之用廿四號細鉛線或黃蔴纏縛之敝處習慣亦雇女工掛套每千連工食錢八百文手術熟練之女工每天能套一千八百袋至二千袋得工資一千四百四十文至一千六百文四五月間套袋時期多數女工賴以補助家用

病害　最易發生之病害爲縮葉病樹膠病炭疽病等其次爲白粉病黑點病穿孔病枯枝病等防除法可摘去病葉病枝病果等并撒布波爾特藥液

虫害　虫害之爲害最烈者爲食心虫芽虫象鼻虫捲葉虫等其次爲折心虫繪疊虫透羽虫等防除法可摘除被害部用火燒去之并施行套袋撒布除虫菊加用石油乳劑之三四十倍藥液入冬耕翻土壤使受冰雪之侵蝕而受天然之淘汰

除草　雜草爲業果家最討厭之物不但奪取桃樹肥力且於工作上多方不便入春後各草萌生若能見草便鋤是屬最佳否則於野草開花時必須鋤去倘任其自然一有雜草種子留落園內則來年之雜草卽難斷種故必勤加鋤除以保園內之清潔

中耕　中耕目的一在使土壤起風化作用一在促進鬚根叢生更得壓除雜草之功初春及秋末各舉行一次初夏及採果後能再行一次更佳

採果　採果時期須視品種之遲早而定早熟者於六月下旬七月上旬成熟中熟者于七月下旬成熟晚熟者須至八月中旬始可採取採果前二星期卽宜將所掛之袋拆除之此後卽選成熟之果逐日採收二三次勿使遺漏而致墮落有損品質熟練者祇須全樹瞭視一週卽可分別熟與未熟惟

均從經驗得來難以筆墨形容也

包裝　採集之桃須嚴格分別大小與過熟腐爛等爲甲乙丙丁四種分裝格籃甲乙兩種用印就園名商標而具廣告性之包皮紙包好格籃係用竹製就每格直徑十八吋高四吋七格或六格爲一盅每盅可裝果實六七十斤最下之一格爲底有檔兩盅之間可用扁担挑起行走極爲方便如此既便裝運遠方又不致擠傷果實確爲包裝名貴果品之絕好利器也

販賣　小面積栽培之園場於果實成熟時果可由自己在市場設店發賣藉少中間人之取佣但在範圍稍廣產量旺多之農場勢難兼顧惟一途徑爲運往通商大埠水菓行家做市發店出售上海之十六舖蘇州之南濠街菓行林立在蜜桃上市期間萬商雲集熱鬧非常照近年市價每市担上等

玉露桃約十元左右次者七八元不等黃金蜜桃每市担上等者十五六元而大鏡蟠桃仍可售至二十餘元茲將最低價值之玉露桃以二十畝之範圍作計算書於後倘營黃金蜜桃或大鏡蟠桃則支出方面所增惟種苗一項而收入則相差殊遠也

經營二十畝玉露桃計算書

項目 / 說明 / 年次	資本金		經常支出						共計支出	利息	收入	逐年損益累計	
	開園整地	苗木	用具	地租	人工	肥料	除虫藥品	消耗				損	益
	砌駁填溝木架草屋四間每間40元	每畝六十株二十畝共一千二百株每株二角計	欲備鋤頭噴霧器剪枝鋏	每畝地租以五元計	長工二人全年工食在內	大豆餅十片		紙袋工料及零工每畝約合銀五元五角		每年週息以一分計算	初三年係副產收入第四年起每樹產桃十斤此後每樹每年增五斤每斤以一角計算		
第一年	160元	240元	20元	100元	200元	15元			785元		192元	543元	
第二年			購噴霧器一具20元	100元	200元	40元	10元		370元	54.3元	192元	775.3元	
第三年				100元	200元	50元	15元		365元	77.53元	120元	1097.83元	
第四年			購裝桃用竹籠30只60元	100元	長工200元 短工100元	50元	20元	30元	560元	109.78元	1200元	567.61元	
第五年			30元	100元	長工200元 短工150元	60元	25元	45元	616元	56.76元	1800元		565.63元
第六年			30元	100元	長工200元 短工200元	60元	30元	60元	680元		2400元		1720.00元
第七年			30元	100元	長工200元 短工250元	60元	30元	75元	745元		3000元		2250.00元
第八年			30元	100元	長工200元 短工300元	60元	30元	90元	810元		3600元		2790.00元
第九年			60元	100元	長工200元 短工400元	60元	30元	120元	970元		4800元		3830.00元
第十年			60元	100元	長工200元 短工400元	60元	30元	120元	970元		4800元		3830.00元
共計	160元	240元	340元	1000元	3800元	515元	220元	540元	6815元	298.37元	22104元		14990.63元

本場啓事

本場素抱實事求是之旨不巧立名目以自炫炫人特選適於經濟栽培之各種菓苗及特用作物列表於後以便選購而資生產致於非生產之各種花卉園藝等玩賞植物在此國難日亟民生凋敝之候決非優游自在賞心悅目之時故均擯而不列尚希有志園藝之同志以苦幹之精神向生產方面尋求出路國計民生皆有俾益本場有厚望焉

營業規則

（一）凡向本場訂購各種苗木種子或禽畜者來函及匯款均請書明江蘇蘇州陳墓永茂農場庶不致誤郵局匯款并須書明陳墓郵局兌付字樣

（二）凡遠道來函選購各貨時須將各貨名稱數量及收貨人詳細地址掛號信寄下致於寄貨方法亦希註明以便照辦

（三）凡轉運關稅包裝或郵寄等費照貨價加收一成多還少補

（四）凡貨價不滿五元而在匯兌不通之地可用二角以下之郵票代現以九五折計算

（五）本場提貨通知書寄到收貨人時應即往提貨倘任意延宕致受損壞或枯萎者與本場無涉

（六）貨件發送後如中途發生不可抗衡之天災人禍者本場亦不負賠償之責

（七）惠購本場種苗若數量不多可作包裹由郵寄遞較爲迅速其分量過重者可由轉運公司承運惟以輪船火車或汽車直達之處爲限

（八）凡訂購大宗種苗禽種者須先期預約先付總價三分之一作定銀發貨前由本場通知本場收到全部貨價後即行寄發

（九）預約之貨如逾種植期尚不匯款取貨者當以毀約論定銀悉不寄還以償本場損失

(十)本場發貨次序以訂定之先後爲準倘遇貨物不敷時本場得徵得購貨人之同意換寄他貨否則將貨款如數退回

(十一)如訂貨過遲而逾種植期時本場爲保信譽計恕不發貨將款如數退回

(十二)本場出品一經售出恕不退換但所發之貨如有錯誤時須原班退回更換否則不能承認

永茂農場售品目錄

果苗類

果苗購數在百株以下均照定價計算百株以上九折五百株以上八折千株以上七折

品名	每株價目	說明
滋養水蜜桃	二角	餘姚原產果大形圓肉白核紅味甘多汁品質優良八月上旬成熟不耐貯藏三年結果
奉化玉露桃	二角	奉化原產果皮黃白色有紅點肉白色核部深紅味甘多漿貯藏力弱三年結果
黃金蜜桃	二角五分	雜交新種果皮及肉蜜黃色果極大重達半斤味甜如蜜成熟又早香氣更濃色香味三者兼而有之誠為桃中之王
肥城桃	三角五分	山東肥城原產果極碩大品質良好成熟遲
大銳蟠桃	三角	雜交新種皮黃白色有紅圈極美麗形較普通蟠桃稍隆果大重達六兩的係扁桃種之最有栽培價值者
大青梅	二角五分	色青味脆果大而圓梅中之最上品成熟早產額豐可供製造用銷路極廣四年生果

品名	價格	說明
大紅梅	一角五分	色紅產豐果中大味甘酸適口
杏梅	一角五分	皮黃色白陽處紅色果大味甘產豐
萊陽梨	二角	山東萊陽特產果大呈倒卵形皮黃綠色肉緻密味甘美富香味十月上旬成熟四年結果
雅梨	二角	果大倒卵形皮黃綠色肉細密味甜多汁十月中旬成熟
黃璨梨	二角	浙江產果大呈圓錐形皮黃肉白質細液富八月上旬成熟
白雪梨	一角五分	天津產果呈圓錐形皮淡黃肉白色味甘質細十月中旬成熟
紅玉苹菓	二角五分	果大形扁圓色深鮮紅肉質細脆香氣極濃十月成熟性耐貯藏四年生果
花紅	二角	果圓色紅味甘略酸產亦豐
玫瑰香葡萄	二角五分	原產烟台葉具缺刻極深皮色紫紅果呈卵形味甘汁多香似玫瑰故有此名晚熟種三年生果
水晶葡萄	二角	葉深綠果實透明如水晶液多味甜早熟種

品名	價目	說明
金彈柑	二角五分	果大形圓皮金黃味甘汁液多果核少品質優良柑中之上品也三年結果
福橘	二角	福州原產皮紅味甘果中大立冬成熟四年結果
黃岩蜜橘	二角	黃岩原產皮黃而薄肉微紅而甘確係中國之良種四年結果
文旦	二角五分	形圓果碩大皮黃肉白味甘汁富肉厚核少六年生果
紅沙枇杷	三角	浙江珍種皮肉均紅果大核小味甜六月成熟六年生果
白沙枇杷	二角五分	塘棲特產皮肉黃白色果大稍長味甘甜如蜜六月成熟六年生果
銅盆柿	二角五分	果大如盆色紅味甜汁多九月成熟五年結果
大方柿	二角	杭州產形略扁方味甘美肉軟汁富九月成熟五年結果
水晶石榴	一角五分	皮青紅肉淡紅透明如水晶汁液富足中秋成熟五年結果
胡桃	二角	殼堅而薄仁滋補九月成熟六年生果

特用作物類

品名	每株價目	說明
白花除虫菊	一分	花白色可爲蚊香臭虫藥等原料日本栽培極多年有大量輸入我國國人現多自種每畝可獲利五六十元確爲有望作物
金針菜	五分	亦爲新興特用作物鮮花乾花均可羮食各地南貨均有出售銷路極廣每畝可獲利四五十元
玫瑰花	二角	花可供製香水原料可入藥材可製茶食糖菓可熏茶葉用途最廣每畝可獲利四五十元

綠籬大王

柏橘	每百株二元五角	常綠喬木有刺極尖銳用作果園園籬虎狼難入盜賊却步名曰綠籬大王可謂名副其實

風景樹苗

美國白楊	每株一角	落葉喬木生長迅速樹形呈橢圓形葉大而密濃陰蔽天姿態美麗風景樹與行道樹之優點兼而有之材可製出柴桿植之巢園四週風景殊佳

「種鷄」「種卵」類

品種	種鷄每羽	種卵每枚
單冠白色萊克亨 Single Comb White leqhor	拾元	貳角
單冠蘆花洛克 Single Comb barred Plymouth rock	拾元	貳角
單冠樂島紅 Single Comb Hnode island red	拾伍元	貳角五分
薔薇冠淮大胎 Pose Comb White Wydndotte	拾伍元	貳角五分

購　貨　單

茲由　　　　　匯上法幣　　　　　元　　　角　　　分

訂購下列各貨希即由　　　　　　　寄下爲荷此致

永茂農場　查照

貨名	數量	價格		
		元	角	分

定貨人＿＿＿＿＿＿

詳細地址＿＿＿＿＿＿

年　　月　　日訂

中華民國廿四年叁月拾八日收到

民國二十四年十一月初版

編輯者　蘇州陳墓　永茂農場

校正者　費善元

印刷者　蘇州景德路七十六號　文新印書館

歡迎參觀

本場歡迎外埠同志來場參觀藉資觀摩來場路由在京滬路東可在崑山車站下車至正陽橋堍（人力車大洋壹角）六通輪埠乘六通輪到陳墓再半里即到本場早班九時開午班二點開在京滬路西可在蘇州車站下車至閶門萬人碼頭（人力車資二角）乘小輪到陳墓再半里即到本場早班八時開午班十二點開

果樹盆栽法

吴瑜 編

中華書局
民國二十五年

果樹盆栽法
中華書局印行

凡例

一，吾國園藝事業，日見發達，上海一隅，尤屬繁盛，固爲可喜之現象。但多偏重於花卉蔬菜，經營果樹者，蓋絕無而僅有；盆栽果樹，舍一二金柑，石榴外，更不多見。提倡之乏人歟？技術之不傳歟？本書之目的：一以引起讀者對於果樹盆栽之興味；一以傳其技術。於吾國園藝事業之前途，或不無小補。

一，本書係參考英人 Josh Brace 所著之 The Culture of Fruit trees in Pat 日人戶谷孝之所著之果樹之鉢植二書，及編者研究所得，編纂而成。以供有志斯業者，及園藝家之參考。

一，本書所記品種，大部分爲外國種，蓋以吾國乏可據之材料也。

一，本書編譯之際，荷 恩師農學士王企華先生，於公務倥偬之中，執校閱之勞，謹書此誌謝。

編譯者誌

果樹盆栽法目錄

第一章　總論

果樹盆栽法

第一章 總論

一 導言

所謂「果樹盆栽」者，一般與「花卉盆栽」同，吾國自古有之，但不以實用的果實爲目的，而以觀賞其樹形姿勢，或花爲目的，故所用果樹之種類，亦惟梅，桃，石榴等，卽有果實，目的仍在觀賞也。而西洋諸國，物質主義盛行，故卽果樹盆栽，亦在實用其果實；近數十年，且爲之建玻璃之室，栽培於室內，或促成，或早熟，而爲大規模之經營矣！蓋新鮮果實之不時產出，適投社會之嗜好，故其利厚，而斯業乃益臻隆盛也。

夫欲栽培果樹，固必有相當之土地；而土質與氣候，卽影響於其生產。故土地有矣，氣候，土質，一有不當，勉强經營，未有不失敗者：如花時多雨，果期遭風，尤非人工所可阻止，百日之辛勤，不敵一朝之風雨，豈不惜哉！

然則若何而後可？則多爲盆栽，推廣室內栽培是也。試舉一例以爲證：英國於一八五〇至一八六〇年間，園地栽培之果樹，常受嚴霜之害，一八六〇年尤甚。有 Thomas Rivers 其人者，思有以保護之，乃創爲不加熱之玻璃室，名之曰「果樹室」(Orchard house) 從事果樹之室內栽培。厥後至一九〇三年，園地栽培之果樹，又遭嚴重之晚霜，而致全敗，惟室內栽培者，仍舉豐富之生產，於是室內栽培之利益大著。

然盆栽之事，本極簡單，雖無特別之玻璃室，亦隨在可爲；即無土地，亦可置之屋面，如遇風雨，乃移入室：如是之管理，婦孺亦優爲之。故不必特爲之建溫室與冷室，而小規模經營之，不但輕而易舉，且可供娛樂，習勞動，而得自然之趣也。

附記：此處所謂溫室與冷室，不過便宜之分稱，普通概稱溫室。惟溫室英語爲 Heated housed 或 Hot house，乃有人工加熱之裝置者；冷室爲

Unheated house（不加熱室）Cool house（冷室）或 Orchard house（果樹室），無人工加熱之裝置，實均爲玻璃室也。

二　果樹盆栽之利益

盆栽果樹，較之園地栽培者，其利點頗多，今約舉於下：

（甲）占地少　凡農作物之栽培，均不能離開土地，不獨果樹爲然；無土地則一籌莫展矣。然盆栽之果樹，極爲矮性，以每年或隔年換盆，且與以覆蓋，肥其吸收養分之鬚根，年使新生，故盆雖小而可容言其集約，更無出其右者。得庭前隙地一二分，栽培數十盆，固裕如也。

（乙）不爲土質氣候等所支配　如前所述，果樹之栽培，常受土質氣候之影響而遭不幸；然盆栽者，則土質既調合各果樹之適當者與之；對於氣候，則暖之涼之，可一任人意，故不但不爲氣候土質所支配，殆反而支配氣候土質者也。

（丙）結果期早　盆栽果樹，均爲矮性，故得早熟而促進其結果。即如桃，其接於 Sand cherry 或 Myroblan 李之砧木者，樹化矮性，而達於結果年齡之時期，較接於其莳種而生之砧爲早。又同一養成者，放任生長與常行剪枝抑制其枝條之發育者，其結果年齡，又有大差。

（丁）管理容易　盆栽之果樹，與園地栽培者，大不相同，多受人力之制限，故病蟲害之驅除預防，果實之採收，以及整枝，剪定等，均較易爲力。卽在冷室栽培者，作業似更繁複，而費力較多；實則肥培，灌水，對於不良氣候之保護等，只須通其方法，婦人孺子，亦可勝任。

（戊）宜於觀賞　盆栽果樹，於觀賞方面言之，尤有令人戀戀不捨者。如櫻桃，杏等樹，樹形自然，風致幽嫺，不愧雅品。而小小盆樹，果實纍纍，尤令人有天地別有之感也。

（己）可藉此試驗新品種　所謂試驗新品種者，如以前未嘗栽培而新自外國輸入之品種，試驗其品種之價値是也。於此用盆栽之法，則結果得以早現。此就已成就之品種言也。又如欲結合此品種與彼品種之特長，而行人工媒助，以期造成新品種者，於普通栽培之果樹，不惟樹形高大，施術爲難，卽施術以後，尙不免鳥類蜂類等之侵犯，反而混淆其結果，勢必張以線網，杜絕外敵；而盆栽者，樹形旣小，作業自易，卽防止外敵之設施，亦易爲力，是亦盆栽利益之一也。

三　果樹盆栽之目的

盆栽之果樹，旣有上述幾多之利點，則栽培者之目的，自有不同。而其實用上之主要目的有二：

（一）用人工的火熱，使較普通露地栽培者，結果早二三個月，卽「促成栽培」（温室栽培，Forcing），

（二）不用人工熱，但使稍稍早熟，卽「早熟栽培」（冷室栽培，Accelarating）。

夫如梨苹果柑橘等，其耐藏力甚久，祇須研究盡善之貯藏方法，一年中殆可隨時得其果實，似無促成早熟之必要；而在新鮮上在珍奇上論，且爲觀賞計，則

行之亦未始無益。

四　盆栽果樹之種類與品種

栽培農作物，必依其不同之目的與環境，而選擇種類與品種；蓋作物以種類品種之不同，而品質習性有異，猶人之不同，而身體有強弱，禀性有賢愚也。能順其天性而誘導之，自事半而功倍矣。成功失敗，發端於此。而盆栽者所加人力尤多，故種類品種之選擇，更須注意。

果樹中能生產良質之果實者，其他性質往往多所缺陷；或樹勢纖弱，因此生產量減退，樹齡短縮，結果小而色澤不良，種子之生產亦少。故Goethe與Hilaire曾斷言「任何植物均為其活動力之總量所限制，即有變化，亦在其限度之內。」意即謂優於此者，未有不劣於彼，稀有盡善盡美者也。實則此種事實，於園地栽培則然；室內栽培，不難彌補此缺點：如桃之一種曰「Royal George」者，品質極佳，而樹勢不盛，收量亦少。（見恩田鐵彌園藝講義）而盆栽之養於室內者，乃爲極佳美之品種，並無此種缺點。是猶才子多病，佳人薄命，如調護得法，亦可使之長生是也。

又如園地栽培而樹勢强健品質劣等者，盆栽亦多可使之變爲優良，如桃之Sea Eagle；葡萄之Gros Colman是也。

是故盆栽品種之選擇，與園地栽培者不同，各論中詳之。果樹中適爲盆栽之種類，爲桃，杏，李，梨，苹果，無花果，柑橘，石榴等。大概一切果樹，均無不宜，而其中李與油桃，尤爲適當。

五　盆

盆栽用之盆，有木製瓦製兩種。使用上各有短長，故人各異其所喜。在西洋之果樹栽培家中，如Barry氏，Ellwanger氏，Thomas氏主張用木盆；而Waugh氏，Bartrum氏，Fulton氏，Brace氏等主張用瓦盆。

木盆之優點：

(一)處理時少不注意，不致損壞；

(二)受温度之影響少，故冬期受凍害亦少。

瓦盆之優點：

(一)不腐朽，使用長久；

(二)遇換盆時，僅須洗滌一過，仍爲新盆；

(三)氣孔多，宜於根之生育。

依此以論，雖略有出入，尚無大利害，故擇其易得者用之可也。又如娛樂用之一二株盆栽果樹，無特設之栽培室者，以木盆爲宜；有栽培室之設備而規模稍大者，則宜用瓦盆。

木盆多須自製。製法，如普通之桶，於底部開半寸徑之孔，以便排水。若瓦盆，則殆全可購得之。

是等木盆，上徑一尺二寸，下部八寸，深一尺六寸者爲最大；更作上徑八寸，九寸，一尺者，則得隨樹之長而依次換盆矣。又如樹本過大，則用一尺六寸徑一種卽可。

瓦盆雖可購得，而欲一定之大小者，須定製之。其大小，普通亦如木盆，爲徑八，九，十寸者；而於八年生乃至十年生過大之樹，亦可用一尺二三寸徑之盆。木盆瓦盆，均不宜過大；在常人意爲「盆大則土多，而攝取養料之所廣；」此實爲盆栽所忌。蓋自然生長之草木，固以根莖平均發育爲原則，而此則以人工干涉之也。

要之，起初植於小口者，隨其生長，漸換與大盆，不可徒圖其大。由樹之高與盆之徑之比觀之：則圓錐形樹，用等於樹高五・五分之一之盆；半高木作者四五分之一；叢生形者四分之一。卽徑一尺之盆，可植五尺五寸高（地上部以下均同）之圓錐形樹，四尺五寸之半高木作樹，四尺之叢生形整枝樹是也。

此外尚有一種所謂有孔盆（Perforated Pot）者，我國尚未應用，卽於盆緣二三寸下，穿鑿若干徑約寸許之孔者也。植之者，床地用與盆內相同之土壤，而以盆埋入及緣部可。

用有孔盆，蓋有次之利益：

（一）自孔出向周圍土壤中之鬚根，掘取其盆時，將其切去，得有與換盆同樣之效果，故換盆之手續可省；

（二）樹勢强健；

（三）節省灌水之勞；

（四）以埋盆故室內空間，自然較廣。

雖然如此，仍須三四年一換盆，應必要而灌水。

又此種盆不適於桃油桃及杏等核果類。

無論何種盆，使用舊盆時，必須洗之極淨，蓋其附帶之宿土，有傳布病菌害蟲之虞也。

六　土壤

果樹之種類不同，故其所宜之土壤亦異；而盆栽之成功失敗，關於土壤者尤切；故東西栽培家，類多悉心研究，製爲各種調和土壤，以供用焉。

調和土壤之製法，因人而異，但大致如左之三式：

一，壤土　一分　肥料　一分　石灰或白堊　少量

二，粘土　一分　砂土　一分　肥料　一分　石灰或白堊　少量

三，粘土　二分　砂土　一分　堆肥　一分　石灰屑　一分

此所謂粘土者，爲粘重之土，多水則成糊狀，乾則表面龜裂。壤土以不甚輕鬆，粘性弱，有纖維質者爲佳。竟有人採取林地已去樹木而未經栽培之土以供用者。又以圖排水之良好，故多置之於盆之下半部。

肥料有種種，普通爲充分腐熟之堆肥，落葉，牛馬糞，油粕，骨粉等。石灰或白堊，於核果類（桃李杏等）尤爲不可少。如已有良好之壤土，缺之

固亦不礙，終以加入爲妙。又用白堊者，碎之不可過細，以黃豆大爲適度。

調和土壤，須在使用前五六個月，以壤土或粘土砂土混合堆積於不受雨露之處，至使用前二三個月，乃加入肥料，耙混一二次，即可。

盆栽切不可用石灰質土及輕鬆之砂土。

土壤調合之分量，尚有因種類而加減之處，詳各論中。

七　苗木及其繁殖

盆栽所用之苗木，其蒔種養成者，固非完全不可用；但其惡劣性質，極易發現，故寧用接木養成者。

接木又須用矮性砧木：如苹果用 Paradise，西洋梨用榲桲，桃與油桃用 Sand cherry，李用 St. Tulien，櫻桃用 Mahaleb 櫻是也。

接木之法，以樹之種類，而或宜切接，或宜芽接，均詳各論中。今姑舉其一般之方法：

第一圖

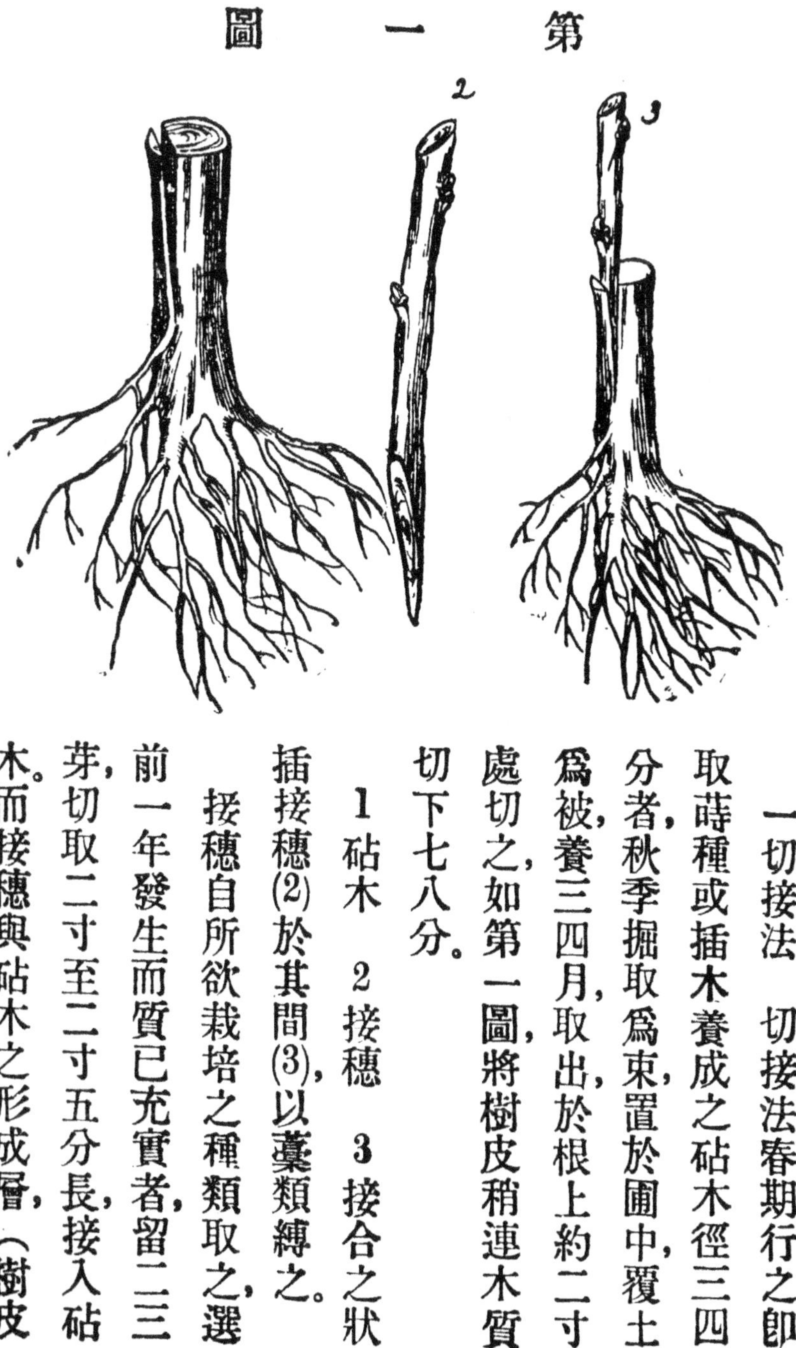

一切接法　切接法，春期行之。卽取蒔種或插木養成之砧木徑三四分者，秋季掘取爲束，置於圃中，覆土爲被，養三四月，取出，於根上約二寸處切之，如第一圖，將樹皮稍連木質切下七八分。

1 砧木　2 接穗　3 接合之狀

插接穗(2)於其間(3)，以藁類縛之。

接穗自所欲栽培之種類取之，選前一年發生而質已充實者，留二三芽，切取二寸至二寸五分長，接入砧木。而接穗與砧木之形成層，（樹皮木質間之白色層）須任合其一方，此形成層爲樹木成長所由之細胞層，故不合著，則不能活。

接穗有於用時始取者，有於去冬先切取而橫置蔭涼處砂中備用者。

第二圖

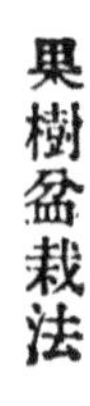

第三圖

又有舌接法者，爲切接之變形，砧木與接穗之削法接法，如第二圖。

切接所用之刀，如第三圖，以銳利爲佳。

接後除縛藁外，尚有以防雨水侵入而塗以接蠟者。接蠟之製法，雖有種種，而以H. Merrywea her氏所創製者爲簡單易用，其配合量如左：

松脂　四分　蜜蠟　兩分　牛脂　一分——均重量

此接蠟低温卽溶，故不待加熱卽可供用。

施術之後，植之苗圃，時加注意，有自砧木發生之芽，須悉除去，而保護接穗先端之一芽。

第四圖

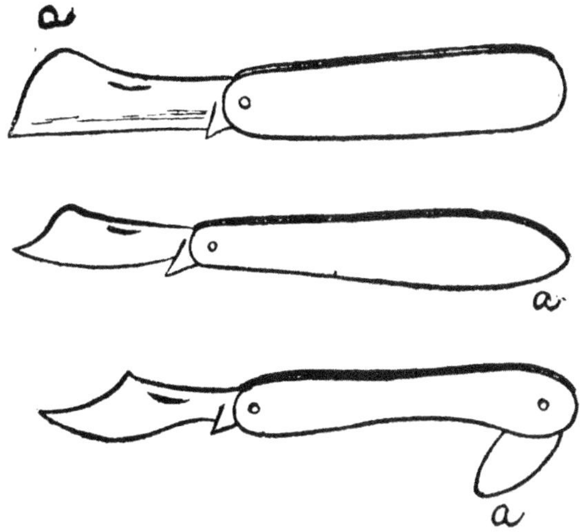

二芽接法　芽接，秋期八九月落葉前行之。其砧木，亦以蒔種或插木養成二三年生者供用。施術，多在圃地。地位，以北側地上三寸處爲常。法以芽接小刀，（第四圖）切樹皮成丁字形，幅四分，長八分，而以彼端之篦；（a）剝其傷口之皮，以取得之芽插入，再以藁緊縛，卽畢其事。（第五圖2，3，4，）

芽就年內發生質已充實之新枝取之。如

第五圖

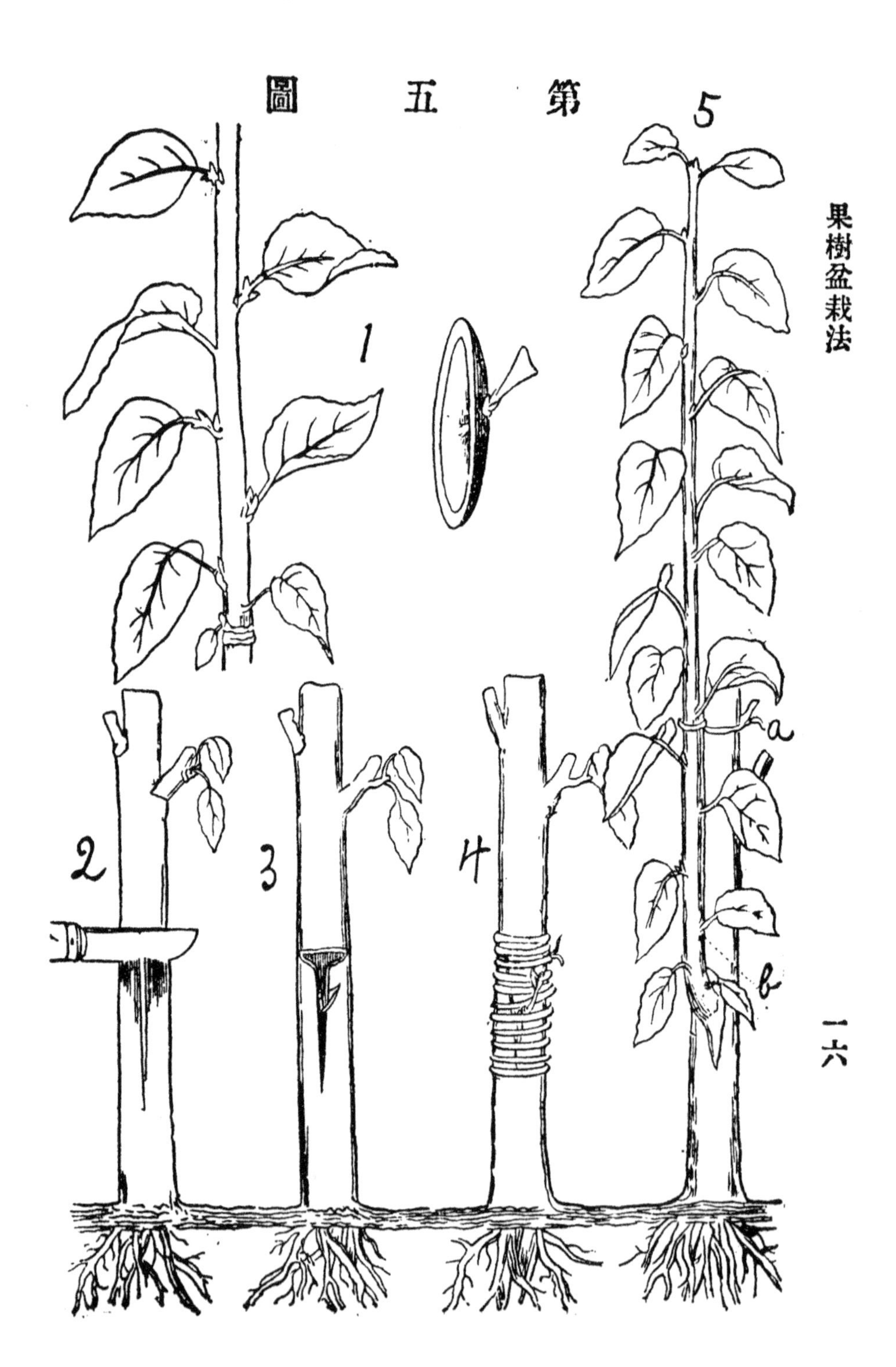

第五圖。

施術後一二週內，以手指觸所留之葉柄，一觸卽脫落者，已活着之證，否則再接之。活着者，翌春發芽前，於施術部五寸上(a)切去砧木；砧木所留之部分，用以結縛自接芽發生之枝，俾得垂直伸長，(第五圖5)待其新枝充分强健，始可完全切去(b)又自砧木發生之芽，須一一摘除，與切接法同。

三蒔種及插木法　以上旣言接木法，茲當言砧木養成法矣。法有二：卽蒔種與插木是也。

甲蒔種法　蒔種之法，首重種子。須

一，無病健全；

二，完熟者；——未熟果實所得之未熟種子，抵抗病蟲害之力頗弱，以致苗木不充實，壽命不永久。

三，自野生樹上採之。——接木樹上所得者，發芽力少，苗弱。

自果實採取種子之法，大規模者將果實與砂粒混盛於布袋，埋於不甚濕潤之地；簡單之法，則以種子與砂混置於箱，至翌春，擇不甚肥沃之砂質壤土，設苗圃，作一尺五寸之畦，播下種子，其深淺以五分許爲度，被藁以防乾燥；如更求精密，則作二尺高之架，架以蘆簾，以防乾燥，直至發芽，乃去被蓋物，如見苗生過密，則加間拔；施稀薄人糞尿二三次，至秋，苗長尺許，乃掘起剪根，以畦間二尺，株間六寸之空間植之。

第六圖

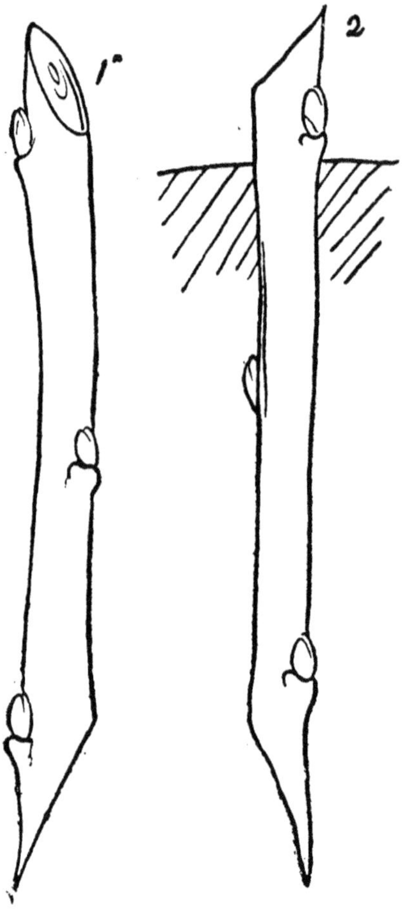

1 削取插條法
2 插法

乙插木法　插木法，不惟用以養成砧木，如葡萄，無花果等，常卽以插木養成之苗木供盆栽用也。法用前年生或二年生之枝，或切接時所取得者，長約六七寸，插於濕潤地。如第六圖，卽無花果之插木法也。

插木所得之苗，大概二三年後，卽可供砧木之用。

又如葡萄歐洲種之貴重者，有所謂「一芽插」之法。其削法如第七圖之1水平插之，或如2直立插之。其着芽之對面，均須削去其皮，以求易於出根。根自芽出，不求其長，故以盛砂約七寸徑之盆，可以養四五十芽。插後置之溫室內，待根葉均出而後移於二寸之盆，盆各一株，待芽長五六寸，更移於四寸至六寸之盆。

2

第七圖

注意：

一，不問切接芽接，使用之小刀，須極銳利；

二，施術務求其速，以期於樹液未乾時完畢其事；

三，苗木能自己養成固佳，如其無暇，則宜自苗木商人購得之爲便。而宜勿吝小費，自信用確實之商人購之。又秋期最宜定植，故購苗時宜預定栽植期日。如從遠處運來，苗木已見乾燥者，則須浸水一晝夜，或横伏土間，被以濕蓆，待潤而後植之。

八　栽植時期

栽植時期，一般爲十月初至十一月；促成栽培者，九月中下旬植之；但爲便利計，至明春三月以前植之，亦屬無妨；要以秋植爲宜。又不一定待落葉後，如桃，油桃，於尚存數葉時栽植者，結果尤爲良好云。

栽植多種果樹時，則大概依左列之順序：

1 桃油桃之早生種；2 桃油桃之中生種；3 桃油桃之晚生種；4 杏；5 櫻桃；6 李；7 梨；8 苹果。

九　栽植法

栽植法，與普通果樹栽植同，先切去直根，細根亦量力剪除，乃取瓦片等被盆底之孔，以圖排水之便，次取準備之土壤，充分攪拌，先入土少許，置苗其上，再加土，强壓之。勿植之過深，以足被上面之根爲度。又栽植時根須以雨水充分浸潤，如是乃易於着土。

十　樹形

盆栽之果樹，苗木務求矮性。故樹形亦以「叢生形」或「半高木作」爲最適當。

又如兼有裝飾之意者，則圓錐形最爲美觀，然果樹中不適於此形式者頗多，即有適者，其剪定及其他作業處理較難，稍不注意，即致失形，故不可不多留意焉。

分而言之，則桃，油桃，宜於叢生及圓錐形；櫻桃，圓錐形，及叢生形；李，圓錐形；杏，半高木作；梨，苹果，則三者咸宜。但又以品種之異而非一致：枝有下垂性者，易於作叢生形，缺乏下垂性者，適於圓錐形或半高木作。如桃，各種「水蜜桃」多屬前者，宜於叢生；『Amsden June.』『Sneed』屬於後者，宜於圓錐形。

十一　剪定摘芽

一剪定　剪定云者，以鋏與小刀，在樹休眠期內，（卽樹液活動徐緩之時亦卽秋落葉後至春發芽前之間）切斷根枝幹等之作業也。一般於冬期與春發芽前行之。其主旨如左：

一，保持樹形，且使將來結果佳良。故幼樹或少枝之樹，欲使其多發新枝，必須剪定；

二，使各枝平均享受日光；

三，使各枝發育平均，樹液平等循環，且保根幹之均勢；

四，使發生花芽而多結果，故夏期枝條伸長過强者，冬期須切短之；

五，欲使勢力薄弱之枝，成長强盛，則秋期須早剪；欲抑制成長，則行剪根與晚春之剪定；

六，枝條剪定其上芽剪其下，則該處得生强勢之新梢；

七，欲使樹形開張，則於外向有芽處剪定；已嫌過於開張者反之；

八，根之剪定，頗能殺樹勢，如行之於勢力本已薄弱之樹，成長必遲；

九，夏季之剪定，所以使樹與果實之發育均良好；

十，果實成長期，一般膠質變爲酸類，成熟期使葉得充分之日光空氣，則酸更轉化爲糖分。

以上爲剪定之理由，不論何種果樹栽培，均適用；之盆栽果樹，亦非例外。

剪定之法，用銳利之鋏剪之爲佳，其程度宜如第八圖。

剪定所用之器具，須極銳利，則傷口平滑，核果樹類尤須注意及此，蓋傷口平滑，則癒合速也。

二摘芽　摘芽爲夏季之作業，普通專指新梢

第八圖

橫出者之摘心而言，其主旨：

一，欲使多生花芽，故曝之日光之下，以使發生活動力相當之葉；

二，不欲徒使多生葉以害結果。

凡移植時，老根直根，放任不剪；或雖剪而不加注意，傷口不平滑，以致先端腐敗，鬚根發生不良，於是樹勢亦惡。精密剪定者，發育適度，故樹勢佳良。又枝梢不加剪定，不能成所欲之形，枝條甚伸長，故惟於枝梢先端開花結果；若於春期剪去枝條全長之半，則基部開花結實，且發生新梢，更視其過密者加以剪除；則枝條不致密生，花芽多，精緻之樹形亦成矣。

此處所論，不過一斑，各論中詳焉。

十二　肥料

栽植時雖已與以肥沃之土壤，以後仍須常與以少量之肥料；而結果期內之施肥，效力尤爲顯著。

盆栽果樹所用之肥料，以前常用混合之人造肥料或液肥。如Waugh氏以硝酸鉀一分，鹽酸加里二分，過燐酸石灰二分混合之肥料，自十二月至五月頃成長期中，每月與以少量，而與液肥更番施用；此雖無不可，然盆栽之肥料，於使根吸收爲養液之（根本目的外，尙有一大目的：如近來通行之「覆蓋肥」（Top dressing 或 Surface dressing）乃以肥料之厚層被覆盆土，如是植物以欲自此層中吸收養分，故滿生鬚根，及秋換盆，或取去此覆蓋肥時，此等鬚根悉被帶去，不得不於新覆蓋肥中，再生鬚根，是卽每年更新其鬚根也。故此覆蓋肥得無形之效用，此卽覆蓋肥之第二目的。蓋鬚根不去，則必須用大盆，而結果仍不良好也。

覆蓋肥所用之材料，人各異其選：如 Brace 氏，依其實驗所得，以製造麥芽與乾燥時所得之黑屑與馬糞等分混合用之；Bartrum 氏則混合馬糞與人糞，及木灰，炭屑，骨粉，細土，堆積三日而後用；Bunyard 氏則用牛糞與硫酸加里之混合肥料；戶谷氏則用溫床腐壞，混以少量之馬糞，人糞及木灰供用。

此覆蓋肥概於五月結果時與着色時，各施一次，約四分厚。

以上諸種，惟 Brace 氏所用之麥芽屑，非附近麥酒製造所，頗不易得，餘均可擇便用之。

十三 給水

盆栽之給水，爲極重要之作業。蓋果樹既爲一盆所限，其根即不能如園地栽培者之得以自由發展，必要之水分，乃不能任意獲得；是以須時時灌水補給之。室內栽培者，灌水雖非必要，而撒水則不可少，其重要殆與施肥同。所用之水，河水，井水，均無不可，而避硬水，以硬水含無機成分多，有害生理也。又盆之在室內者，其成長期中，亦有每日洗葉者，若用硬水，則葉必因而皺縮。又水之過冷者，奪却熱氣，亦非所宜。

最好貯雨水而用之，或曝於日光之下，乃不致過冷。貯雨水之法：在有冷室者，可於室之周圍設晴落，引至桶中，此桶如能置之室中，尤爲便利，如爲地位所限，亦必求最近便之處。

欲使水受日光，則掘穴於近室便利之處，而用三和土之不滲漏者，造水槽以貯水，或者設於室內，蓋以板，用水時啟之。則常時仍可陳列盆栽品也。

井水亦可供灌水之用，但撒水葉上，則非雨水不可。

十四　通氣

通氣一事，凡室內栽培，均屬必要。人若閉置於空氣不流通之處則窒息；植物亦因此而致妨碍同化作用，與呼吸作用。故室內栽培，於日間通氣之外，如室温過高，雖夜間亦須開窗，以使空氣流通。開花期內，欲室內乾燥，通氣尤須注意焉。

十五　換盆

如前所述，初植之盆，不過八寸徑之小盆，是以必須隨其成長而漸次移於較大之盆。又盆小雖經濟，究竟土少，難於持久，所以至年年結果時，植於一尺之盆者，每年一次；一尺二寸至一尺五寸之盆者，二年一次；於十月至十一月之間，用新鮮土而行換盆。

換盆時，先沿盆周將表土挖去二三分闊，五六分深，乃略叩其盆，則自然脫離，即可取出，見其根固着如盆之形，乃剔除陳土之大部分，搜得長根，切短三分之二，乃移於他盆，植之。

第九圖

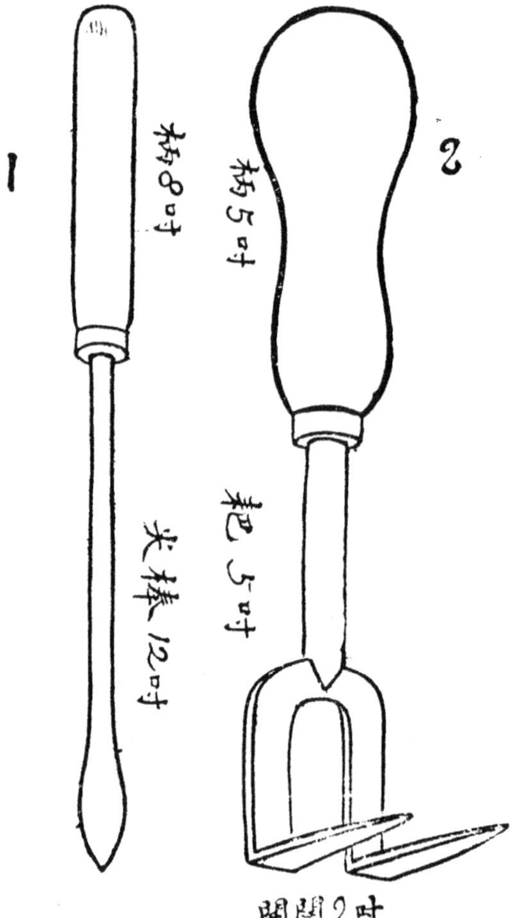

1　柄8吋　尖棒12吋

2　柄5吋　耙5吋　開闊2吋

Brace氏於換盆之作業，曾製作如第九圖之器具：(1)爲脫盆時去土之用，(2)爲剔除陳土之用，作業非常便利云。

十六　摘果

摘果者，於結果過多之時，間去其過多者，留其與樹勢相當之果數是也。此於一般果樹栽培，均屬必要。若放任自然，其結果數往往過多，果實不能得充分之養分，而致形小味劣，況盆栽果樹，能力有限，且側重品質，故摘果尤爲重要。

摘果時不可傷葉害芽，櫻桃於果實稍成長，種子未充分固定時，留其成長良好者，摘去細弱者。櫻桃，苹果等結果時，大概中央者發育佳，宜注意之。又就枝而論，結果於外側多受日光之枝，風味上進，色澤亦充分也。

摘果作業，既極重要，然則其適當之數究爲幾何？此則各果樹不相一致，具述於各論中。

十七　採收

或謂盆栽果實，風味不良，缺少香氣；是均爲管理不注意所致，而採果之時期，尤多所影響也。

一般採收果實，宜選陰涼乾燥之日，而以午前爲最宜。如在暑期，則宜在夜間，又盆栽者，每日灌水，故灌水後勿卽採取；須待數時之後，或謂午後灌水，當翌晨採取；晨間灌水，午後方可採云。

又果實如待過熟方採，則風味反劣，且處理不便，故須在完熟前一二日採收之。

盆栽之樹，形狀極小，故採果務須精細。如桃等果梗短者，往往有剝脫樹皮之恐，故宜以鋏剪取之。

盆栽生產之果實，非若園地栽培之收穫甚多，十分貴重，故不問爲出售，爲自用，爲贈品，其包裝一切，務求精美，不宜草草。

十八　樹齡

果樹之矮性整枝者，結果早而壽命亦短，所以盆栽果樹之樹齡，似不宜過大。但據Brace所說：則桃，油桃二十年至二十五年；櫻桃三十年；杏，梨，苹果二十年；

李，十二年至十五年間尙有利益云。

第二章　各論

一　桃　油桃

桃與油桃，實出同系，油桃除無毛外，諸形質全與桃同，故栽培之法，亦屬一致。

一土壤

盆栽桃樹之成功最先者，爲Ellwanger氏與Parry氏。Barry氏以爲宜於桃之土壤，爲砂質壤土三分，與腐熟之溫床肥土一分所混合者。又Fulton氏以爲肥沃園土一分，草木灰骨粉少量混合者亦宜。

總之，桃樹宜於略含石灰分之土質，故以砂質壤土二分，堆肥一分，石灰或白堊少量混合，於使用前二三月，堆積於不當雨露處待用。又一切果樹盆栽，均圖排水之便利，故盆底當敷瓦片或石礫。

二苗木

苗木用「Sand cherry」爲砧之接木者最佳，此外「Myrobalan李」「StJulien李」爲砧木者，亦皆宜於矮性整枝。皆要須用蒔種第三年接木之一年生苗。

三栽植

栽植秋期最宜，爲便利計，春四月頃亦無妨。盆，初次用八寸徑者。

四樹形

叢生形，半高木作，圓錐形，均有所宜，此等惟加減幹之長短，而剪切栽植之。半高木作，叢生形稍長，剪於一尺至一尺二寸處；圓錐形則於六寸至八寸處剪之，以後逐漸養成所欲之樹形。

五剪定

桃與油桃。每節有葉芽與花芽並列而成三芽者，（第十圖一）有全部均爲單芽者，（第十圖二）前者之混合芽，中央者概爲葉芽，左右爲花芽，多單芽者，

第十圖

則除梢端者外，十之八九，皆花芽也。

多混合芽之種類，可用圓錐形整枝；多單芽者，宜叢生形或半高木作。

凡生混合芽之種類，其剪定乃所以計日光之透射，與空氣之流通，並以作成樹形，而剪斷過大過密之枝；生單芽之種類，極端言之，則以使多出枝爲宜。是等枝條，當於一尺處之葉芽剪之，否則枝至下年，將繼續伸長而分枝少。

第十一圖爲桃油桃之叢生形或半高木作之剪定法，此兩者皆作成圓形之樹冠，而使枝梢向外側伸長，其相異惟在主幹之高低耳！

此剪定二月中下旬行之，其外側之枝梢，使在一尺以內結果，不加剪定，使成傘形(A)。其枝間之小枝，亦不剪定；留至明年，剪去前者而以後者代其結果，乃可永保其形。

第十一圖

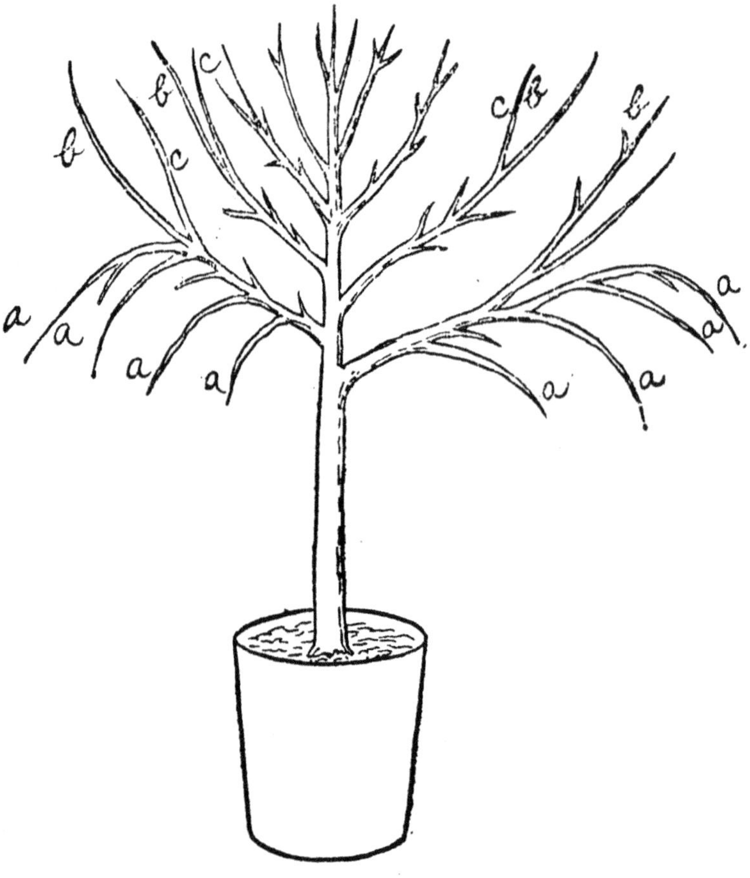

如(B)之枝，則樹勢盛時於五寸處，弱時於四寸處切短，乃可發生短果枝而結果。(C)枝則嫌過密時剪除之。

第十二圖爲圓錐形整枝之剪法，其全形下廣上狹，幹於六寸至八寸處剪之，使自此發生四本至六本之枝，一爲本幹，餘使與本幹成四十五度以下之角，以後年年如是剪定，終形

第十二圖

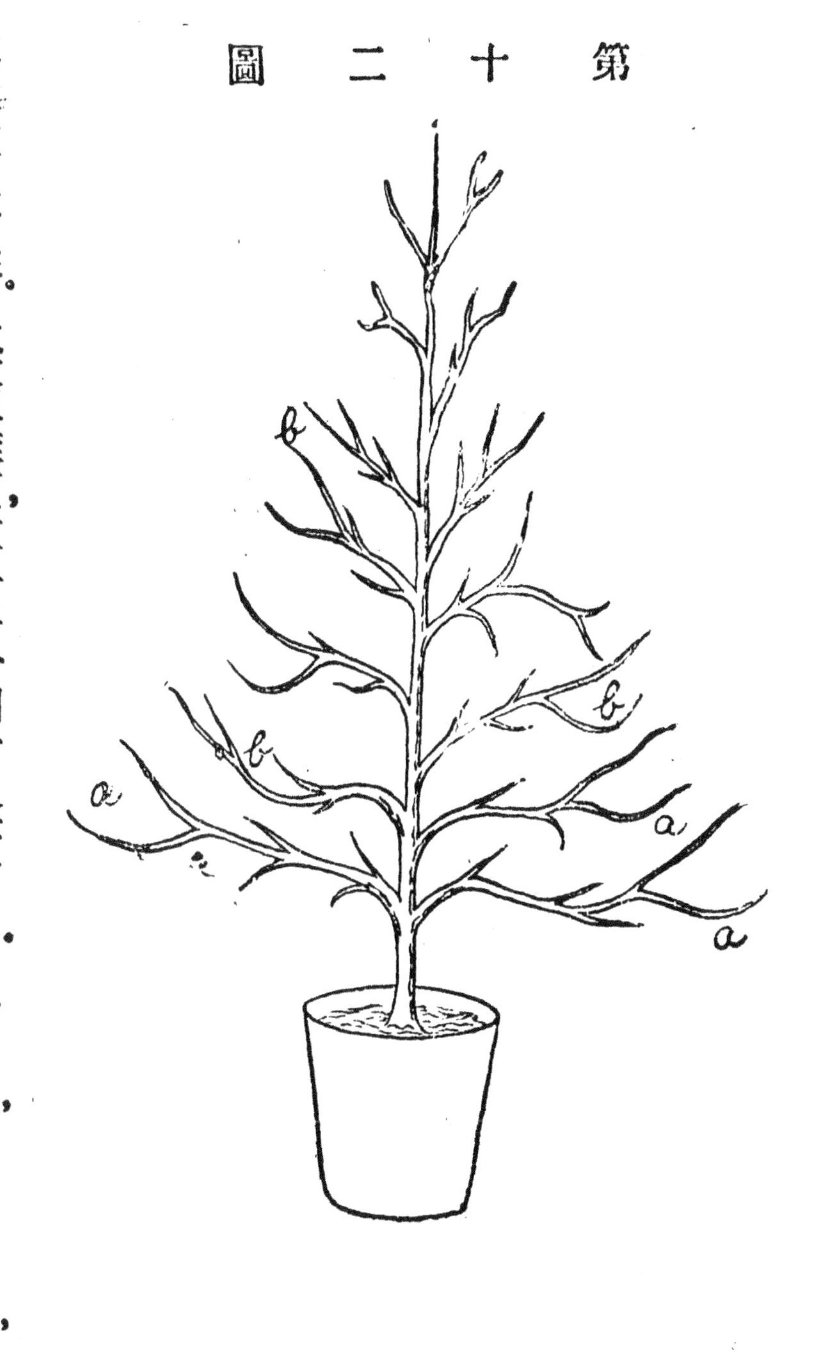

成所欲之樹形。主幹須垂直，故年年於相對之芽剪之。主幹之外，A留三四芽，B

亦切短，主幹一枝，如成長過盛，則切短而以他枝代之。

短果枝不加剪定，勢力强盛之枝，勿過於剪短，而勢極强者，則當全部剪除，蓋不能希望其結果也。

六　摘芽

剪定之外，摘芽亦爲必要。叢生形與半高木作者，伸長二三寸之芽，固不必摘除；（上向者又作別論）伸長至五寸之芽，當摘其先端；再伸長則再摘之，應必要而施行數次。若至八寸以上，則不能如三四寸者之摘短矣。

圓錐形整枝者，成長旺盛之枝，一方出三四本者，當量加摘除，以求樹勢平均，又本幹之枝，長至五寸，卽當摘心。

七　作業

本章僅述室外栽培之一般作業，關於室內栽培者，則見第四五二章。

栽埴後，待芽長四五寸，乃置於向陽地。至秋期落葉，仍於向陽處掘地埋盆，圍藁越年。四月初天氣漸暖，掘出仍置原地。芽漸長，開花結實，施覆蓋肥，時時灌水，毋使有缺。八月，果熟，採收後，仍埋土中。剪定，摘芽，嚴密行之。隔年秋季，換盆一次。每年夏季，更換覆蓋肥。其他參照第四章行之。

八結果數

結果過多，爲失敗之基，總論中已言之，故不可不愼。普通結果之程度，第一年大樹，則大果種八個，中十個，小十二個，中等大之樹，大果五個，中八個，小十個爲標準，翌年更依果之大小，漸增三個，四個，六個。

九品種

宜於盆栽之桃，油桃之品種如左：

「Sea Eagle」大果近於圓形，黃肉核易離，（離核）適於促成栽培。「Amsden June」果中等大近圓形，果皮鮮紅色肉白色核難離，（粘核）爲甘味多漿之良品種，宜促成。「Halis Early」果中等大，黃肉，半離核，宜促成，亦宜早熟。「Grosse

Mignonne」果中大,極美麗,果皮有紋,黃肉,適於早熟。「Galande」果大,果肉有斑紋,黃肉,用爲早熟栽培,結果極多。「Alexander」此種以熟期早有名。果形色澤,都似「Amsden June」果大,粘核,白肉,甘味多漿,宜早熟。「Sneed」大果,圓形,離核,赤肉,風味甚佳,宜早熟。「Early Rivers」大果,圓形,粘核,白肉,亦風味優良之品種。以上之外,適於促成栽培者,爲「Princess of wales」「Golden Eagle」「Thomas Rivers」「Triumph」等。宜於早熟及普通之盆栽者,爲「Princess of gallas」「Dymond」「Royal George」「Watelloo」「Salway」「Stirling Castle」「Duchess of york」等。——以上桃。「Lord Napier」爲各國均所讚賞之種,果極大,色濃艷,風味品質均佳。「Precoce de cronceles」果大,濃紫色,優品也。此外適於促成栽培者有「Vicloria」「Rivers Orange」「Cardinal」「Pine apple」等;適於早熟及普通盆栽者,有「Milton」「Violette Hative」「Advance」「Newton」「Lily Baltet」「Coe's」「Golden drop」等,——以上油桃。

二 杏

杏之盆栽者，樹姿最爲可觀，惟不甚宜於促成栽培，當以不加人工熱之早熟栽培爲得策。而配置於冷室時，宜與苹果梨相並，不宜與桃，油桃相並。

一土壤

土壤用左之比例混合者：

粘土 二分 砂土 二分 腐熟堆肥 一分 石灰少量

二苗木

杏之蒔種，不甚惡變，故苗木亦可用蒔種養成者。接木，用蒔種二三年之杏砧，春切接，秋芽接，均可。

三栽植

栽植時期及其他處理，均可依據桃之方法行之。

四樹形，剪定，摘芽，

杏多混合芽，故可雙方作對稱之樹形，叢生或半高木作均宜，圓錐形亦可。其剪定摘芽等大致均可依桃，惟摘芽宜稍早耳

五作業

亦一切如桃。

六結果數

杏樹之結果數，可以較桃略多：大樹十個至十二個；小樹六個至八個；逐年增加四個至六個。

七品種

「Royal」大果，長圓形；向陽而呈赤色，肉淡黃色，風味品質均優。「Early mon Park」果中等大，品質優良，杏之特適於促成栽培者。「G.os rouge d'alexander」大果多漿，宜於早熟。此外尚有「Peach or grosse Pe he」「Oulin's Early Peach」「Hemskerk」等。

三　櫻桃

櫻桃，在園地栽培，隨處皆宜；盆栽者亦隨在可以結實，樹姿亦頗可觀，惟對於促成栽培，與杏有同一之傾向。

一　土壤

櫻桃比較的好砂質之土壤。據德國Fintleman氏之實驗，謂當用鋸屑所分解之腐殖質壤土，盆底爲圖排水之利便，故加用牡蠣殼或燼餘之煤塊。但總論中

第十三圖

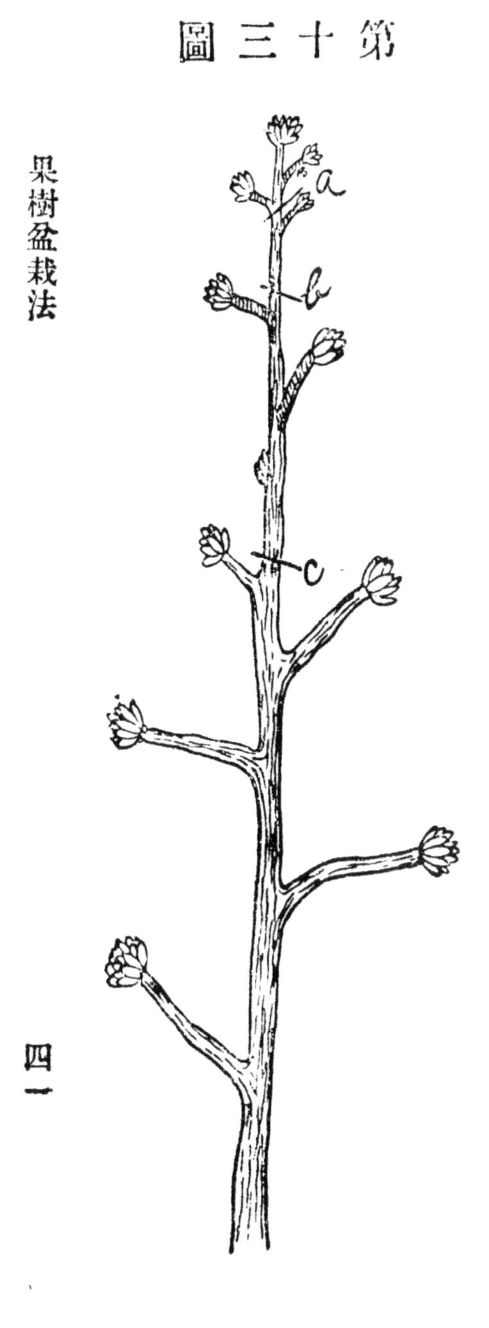

所記之調和土壤，亦屬可用。惟欲砂土略多，而排水須良好，故盆底宜入少許小砂粒。

二苗木

各國均用「Mahalebe 櫻」爲砧木之接木苗。接木，宜較他果樹稍早。八月頃芽接之，結果尤佳。

三栽植

一年生者，用六寸盆；二三年生者，依樹形而選八寸者植之。

四樹形剪定摘芽

櫻桃適用圓錐形枝。其剪枝法，如成長並不旺盛，而多生短果枝如十三圖者，剪定並不重要，蓋櫻桃之花芽中，含有葉芽，結果之外，仍可生長，惟於發育不平均時，或樹勢過於不良時，始加剪短，其主幹則當年年剪短，乃可使樹勢平均。如A，B，C。

第十四圖

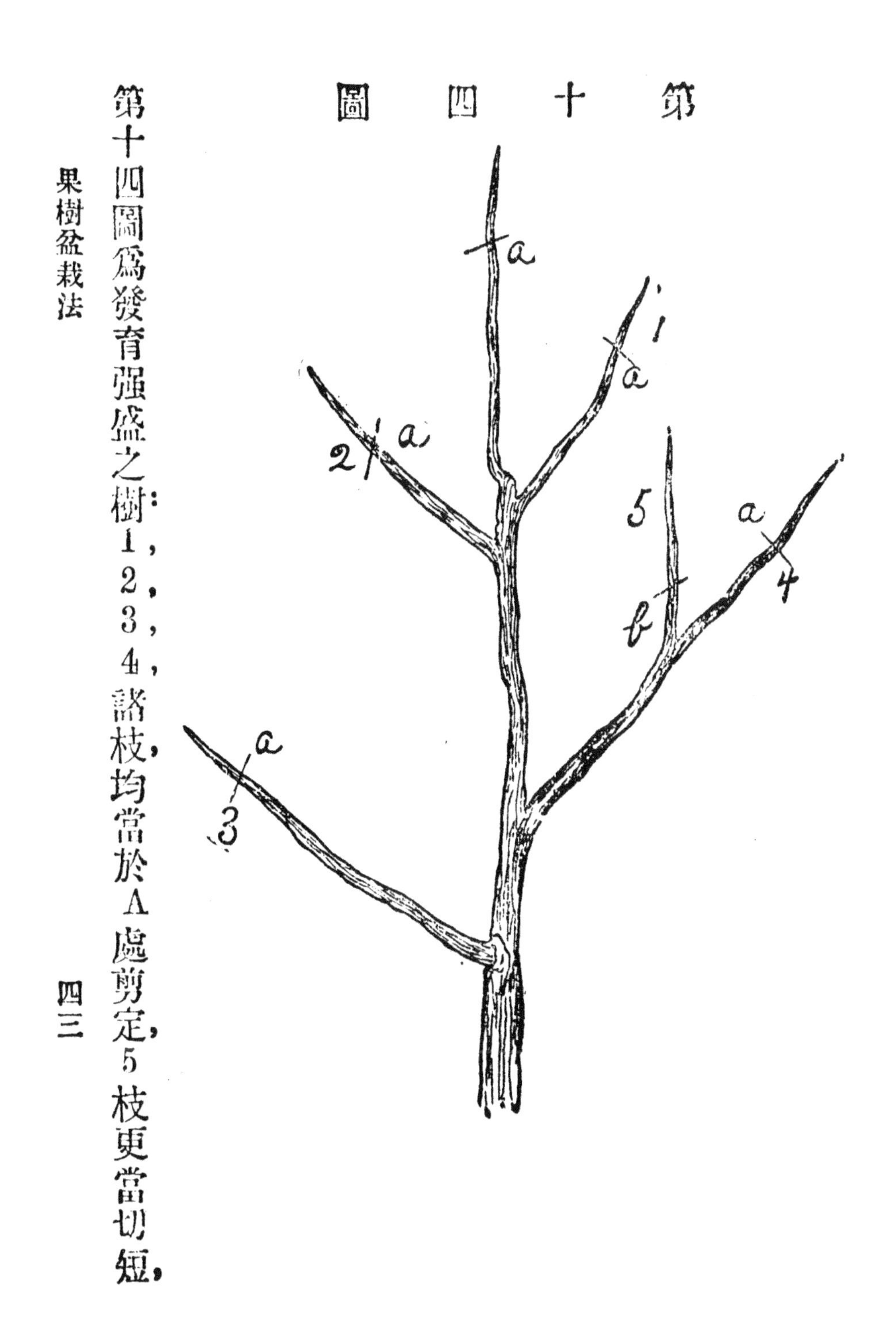

第十四圖為發育強盛之樹：1，2，3，4，諸枝，均當於A處剪定，5枝更當切短，

以使發生果枝B。主幹亦於A剪定。

若叢生或半高木作者，則當剪定過密之枝，以使風光通透爲要。

摘芽一事，可準之於桃，

五作業

覆蓋肥，宜施用稍遲，勿於果實尙小時施用。

諸作業大概可準之於桃，但灌水之量宜稍多，又不可過濕。

櫻桃不宜接觸强烈日光，故在室內宜用紙障，戶外者宜用蔭篷，否則色澤風味不佳。需要日蔭時爲結實後，光綫極烈時，成核時，果實成熟時。

老樹之栽培於普通之盆者，須常埋於土中。

六結果數

櫻桃結果率大，故可成之果亦多；惟望大果者，與結實過多時，乃行摘果。其時期，當在成核後。早則以後尙多落果，不可靠也。核之已成與否，可剖一二果實驗之。

七 品種

櫻桃適於促成栽培之品種，爲「Elton」果大，心臟形，果皮呈帶赤黃色，肉質緻密，品質優良。「May Duke」果大，短心形，果皮濃赤色，果肉柔軟，甘甜多漿，品質極上。「Frogmore」果大，黃色，果肉柔軟，富於甘味，品質優良，此外尚有「Bigarreau」「Guigne Annonny」亦佳。又宜於冷室栽培者：「Governer wood」果中等大，短心形，果皮帶赤黃色，果肉柔軟，品質優良。「Reine Hortense」果大，圓形，果皮赤色，多有光澤，果肉柔軟，甘酸適和。「Noire de Tartarie」果大，長圓形，果皮黑紫色，果肉稍緊。「Bigarreau Napoleon」果頗大，尖圓形，果皮赤黃色，果肉緊，富於風味。「Imperatrise Engenie」果大，果皮濃赤色，質通透，果肉柔，風味佳，且豐產，此外尚有「Bedford Prolific」「Belle d'Orleans」「White Bigarreau」「Florence」「Bigarreau noire de gubon」「Monstreuse de mezel」

「Emperor Francis」「Late Black Bigarreau」「Geante de Hedelfinger」等，均適於盆栽。

四　李

李與櫻桃，其性相近，故一切事項，大致可依據之。

一土壤

土壤如次配合者最宜：

粘土　二分　砂土　一分　落葉腐化者　一分　石灰少量

二苗木

苗木用「Sand plum」或「St.Julien李」砧者，最能養成矮性。蒔種之李砧，亦可用。

三栽培時期及其他作業

一切可依前節行之。

四結果数

李之結果，以樹之强弱，大有差異。其大體標準，則大樹大果三十個，中果三十六至四十個，小果五十個；中等之樹，大果二十個，中果三十個，小果四十個；隨樹成長之程度，而年增六個至十個。

五品種

英國種之生食用品種，概宜於盆栽。此外有「Grosse Mirabelle」果中大，圓形，向陽面現赤斑，果肉黄色。比利時多栽培之，以供促成栽培，而樹勢强健，結果亦多，風味品質均上等。「Kirke's」果大長圓形，果皮暗紫色，果肉綠黄色，甘味多漿，宜於冷室栽培。

「Grand Duke」果大，卵圓形，果肉暗紫色。「Green gage」果大，圓形，果皮果肉，均綠黄色。「Coe's Golden Drop」果大，卵圓形，果皮果肉均黄色，甘味多漿，但不適促成栽培。以外尚有多種，茲不詳述。

五　梨

梨有東洋梨，西洋梨之別，習性略有不同，東洋梨對於矮性之榲桲砧，不能活着，故不宜於盆栽。此節所論，蓋專指西洋梨言也。

一土壤

土壤以粘土二分，砂土一分，堆肥或馬糞一分，石灰或白堊少量混合者爲宜。Bartrum氏者，西洋梨盆栽有名之人也。彼於栽植時，置芝土一片，上置煤一塊，乃入良好之壤土，而作新土，各少加木灰，鳥糞，骨粉等，全體混和而後用之。

二苗木

苗木必用芽接於榲桲砧者，切接者不佳。

三栽植

栽植時期，九十月至十一月間，隨時可行，初用六寸至八寸之盆。

四樹形剪定摘芽，

樹形三者均宜。剪定則依成長之強弱而定：成長力強者，自須剪定，以促進結果；弱者殊無剪定之必要，惟剪定其過密之枝，與破壞均勢之枝可矣。

第十五圖

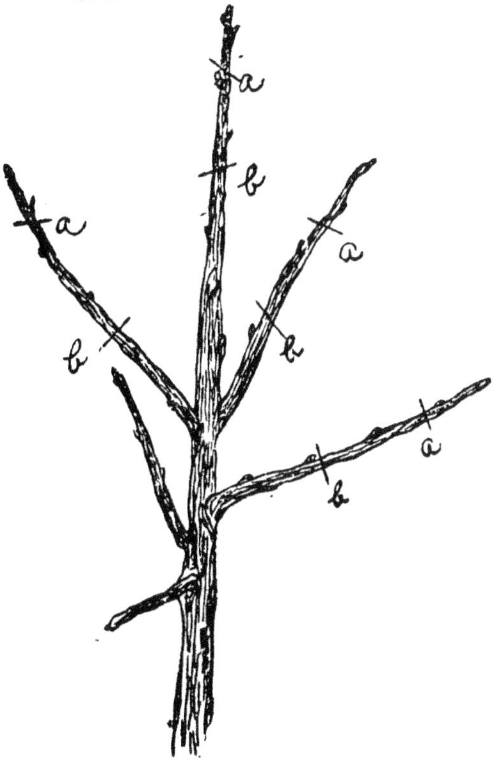

第十五圖，爲必須剪定者；此自主幹發生三側枝與一主枝。其位置水平者，三枝均當於 a 處剪短；主枝亦然，以免奪却側枝之勢。如在直立狀態，則側枝於 b 處留三四芽切斷，乃可形成果芽；延長枝（主枝）不必如是切斷，於 b 處剪去三分之一可也。

第十六圖，不必十分剪定，止須於 a 處切短，兼爲形成樹姿計，於 b 處剪去其

過密者可矣。

摘芽之法，一如桃行之。

五作業

一切作業，與桃相仿，冬前置於向陽處，注意灌水，任其生長，冬期將近，埋盆土中，加以保護，至氣候溫和已無凍害時，乃掘出仍置原處，待發芽，施液肥一次，應時灌水，秋落葉後，作成樹形，第三四年當可發生花芽，其時當用尺徑之盆植之。

第十六圖

西洋梨既達結果年齡，則主枝生花芽，梢端亦混生花芽，故不必十分剪定，惟注意其樹勢已可。

肥料仍依桃樹，用覆蓋肥；又有在結果中施液肥一二次者。

六 結果數

梨果大，故其數不宜多。大樹大果四五個，中果六個至八個，小果十個至十二個；小樹則大果八，中果十至十二，小果十五六爲標準。年增三至五個。

七 品種

「Doyenne du Comice」盆栽者用任何方法，結果均非常良好，居西洋梨之首。果大短瓶形，果皮綠黃色而滑澤，富於甘味。「Clapp's Favourite」果大，瓶形，果皮綠黃色而滑澤，樹勢强健，品質亦優。「Beurre d'Amanlis」果大，瓶形，果皮黃綠色，滑澤，樹勢强健，豐產。「Souvenir du Congr'es」果大，瓶形，果皮黃色，滑澤。「Beurre Hardy」果中大，短瓶形，果皮褐色而滑澤，樹勢强健，豐產。此外有「Louise Bonne de Jersey」「Duchess d'Angovleme」「Beurre Diel」「Winter Nelis,」「Olivier de Serres,」「Beurre le Brun」「Pitmaston Duchesse」「Princess」「Catillac」「Vicar of Winkfield」等，均宜施盆栽。

六 苹果

苹果之性質，與梨極相近，故一切事項，概可依前節爲之。

一苗木

苗木以 Paradise 爲砧木之接木者最佳。

二品種

「Cox's Orange Pippin」本種爲苹果中最宜於盆栽者，原產之英國，稱之爲「苹果之女王」云。「Blankeim Pippin」亦稱「Blanheim Orange」果實美麗，豐產。用 Paradise 砧，結果極佳。「Bismark」結淡紅色之大果，良品也。「Cox's Pomona」結鮮紅色中大之果，富於甘味；樹亦强健，豐產。「Newton Wonder」

英國原產，果美味佳。「Red Astrachan」大果，鮮紅色，酸味稍强，日本謂之「紅魁」。「Cosper's Earley」果中大，淡紅色，扁圓形。「William's Favourite」果中大，深紅色，長圓形。「Buckingham」果中大，扁圓形，綠色，現赤條，品質上等。「Jonathan」果中大，橢圓形，鮮紅色，品質風味均優，且耐貯藏，日本謂之「紅玉」。此外，如「Alexander」「Gloria mundi」「Beauty of Bath」「Washington」「Ribston Pippin」「King of Thompkins County」「Peasgood」「None such」「Mother」「Lady Sudeley」「Milton」「Saps of wine」「King of Pippins」「Mannington's Pearmain」等，均適於盆栽之品種也。

七　葡萄

葡萄盆栽，最易成功，故英國栽培極盛，至用爲客室之裝飾。但葡萄有非用栽培室不可者，且不宜與其他果樹同置一室，栽培家須有充分之心得也。

一　土壤

土壤仍以粘土二分，砂土一分，堆肥一分，石灰少量混合者爲佳。

二苗木

苗木卽插木者亦佳，但易爲根蚜蟲（Phyroxera）或萎黄病所侵，故以接木而用抵抗性砧木爲佳。

三栽培及其他作業

接木之明年，移於五寸徑之盆，於地上二芽處剪定，隨其成長，移至八寸之盆，以其中一芽發生者爲主枝，此主枝伸長至五尺時，摘斷，則結果母枝成而果穗出矣。別一枝則用爲預備枝。又一法栽二年生之苗於徑一尺之盆，而於地上四五寸處留三芽剪定，既出側枝，則注意翌年爲結果枝之元芽，再留二芽而摘芽；翌春，本幹側枝，均於四五寸處留六七芽而剪定，立三本之竹或鐵絲，作如盆大之輪二三段，如絡朝顏之法，連於本幹，則自本幹發生之結果母枝，可以一一結縛其上；其後發生之側枝，如前留一芽剪定，以爲預備枝。如是者植後第三年，可以充分結果。

葡萄栽培於普通之盆者，如繼續不使休息，往往使樹勢衰弱；如年年換盆，則又傷根太甚，故與他果樹不同，而以用有孔盆爲宜。

肥料以腐熟之油粕，馬糞，牛糞，爲稀薄液肥，冬期剪定後施用一次，結果後一二次，採收後一次。

灌水，在成長盛時，極爲必要，在室内亦須灌水床上；至九月頃，則須乾燥，以防成長過度。開花前須灌水，開花後則須乾燥，以利花粉之媒介。結果後亦不可多灌水。

如在室内，於蔓之成熟期與開花時，尤須注意通氣。摘果亦爲必要，其結果之數，以品種而有多少，結果過多者，於果實如豌豆大時，摘除三分之一至二分之一。

四品種

「Foster's seedling」結黃綠色之果，風味頗優良，適於促成栽培。「Muscat d'alexander」果大，白色，富於風味，但不適用人工熱之促成栽培。「Black Hambury 果大紫黑色，富於甘味之優品，宜促成栽培。「Gros Colman」果頗大，黑色。園地栽培，風味不甚佳；促成之則非常良好。「Golden dueen」果大，橢圓形，黃白色，優等品種也。「Matars」果中等大，黑色，樹勢强健。「Chasselas de Fontaine'l'eau」果較小，黃白色，風味優良。葡萄品種極多，適於盆栽者亦不少，以上所舉，其尤者也。

八 無花果

無花果亦宜盆栽，結果既多，培養亦易。

一 土壤

土壤要以輕鬆者爲宜，混合之比如左：

壞土 二分 砂土 一分 落葉腐壞及石灰少量

二苗木，栽植

苗木用插木二三年生者；先植用八寸至九寸之盆。

三樹形，剪定，摘芽

樹形宜叢生形，惟爲日光空氣之流通計，而施以剪定。

無花果成長旺盛，故如用肥沃之土壤，須施以强剪定。成長力强之新梢，於二一而結果多。

三芽處剪定之。

摘芽亦爲必要，成長中等者，於四五寸處；强盛者六七寸處摘之，則樹勢强健

四肥料，及其他作業

無花果多出鬚根，故肥料不宜過多。

其他處理，與他樹無甚差異，惟宜置於日光强烈之處。注意灌水，冬期保護周到，則結果可期。

五品種

宜於促成栽培之無花果，爲「Brown Jurkey」「Brown Ischia」「White Marseille」「Blaeck Marseille」「Early Violet」「Grosse verte」「Violet Sepor」「Negro Large」等，其適於普通盆栽及冷室栽培者，爲「Brown Turkey」「Brownswick」等。

九 柑橘

柑橘類亦宜爲盆栽，如香櫞，金柑，我國久已用爲觀賞佳品。但結果之數，不可多耳。

一土壤

H. Hume氏乃柑橘栽培家也，其所用之土壤，爲新鮮之壤土，砂土，腐熟牛糞之同量混合者；或良好之壤土，砂土，落葉腐熟者，腐熟之牛糞，同量混合者。

二苗木栽植

苗木用切接或芽接於枳殼砧者，活著後植於六七寸之盆，次芽換以大盆。

三樹形，剪定

樹形以叢生爲限。園地栽培者不剪定；盆栽則必須之，且用强剪定，則一二年內雖結果不佳，而發生强勢之新梢，以後結果良好。

四肥料，及其他作業

肥料，Hume 氏用腐熟牛糞，落葉混合之肥土爲覆蓋肥；但總論中所記者亦宜。又柑橘與葡萄同，不能常換盆，故宜用有孔盆，或更換其覆蓋肥而已。此外開花前，結果後及採收後，每施一二次腐熟牛糞，混有骨粉等之稀薄液肥。灌水亦爲必要，須充分施之。

冬期須充分保護，以防凍害，其他作業，與一般果樹同。

五品種

柑橘類之矮性者，殆各種皆宜盆栽，而橙橘類之「Martes Blood orange」

「Ruby Blood orange」「Pine Apple」等，及金柑類尤爲相宜。

第三章　栽培室

栽培室，別爲有人工加熱，與不加熱者兩種，因分稱爲「溫室」與「冷室，」前已述之。兩者之構造，別無差異，惟溫室有發溫器之裝置而已。

建築栽培室，須先選適當之位置，適當云者，地位開曠，風光通透，而略爲傾斜之處是也。

室宜南北向。其構造種種；普通爲單蓋式（第十七圖）及雙蓋式（第十八圖）二種。初創果樹室內栽培之T.Rivers氏，採用前式，故英國仍多用之，而專爲果樹盆栽之用者，則有Norris氏之單蓋式栽培室。

近時以單蓋式光線不充分，形狀又不佳，乃貴雙蓋式。Barry氏所建幅二十五尺長七十尺之雙蓋式栽培室，植壇沿長壁排列，步道在其周圍，中央爲床地，氏以爲此室最宜於結果云。又英國Saowbridgeworth地方Thomas Rivers Company之主任J.Brace氏，積二十年之經驗，謂彼所構造之雙蓋式溫室，爲最有

第十七圖

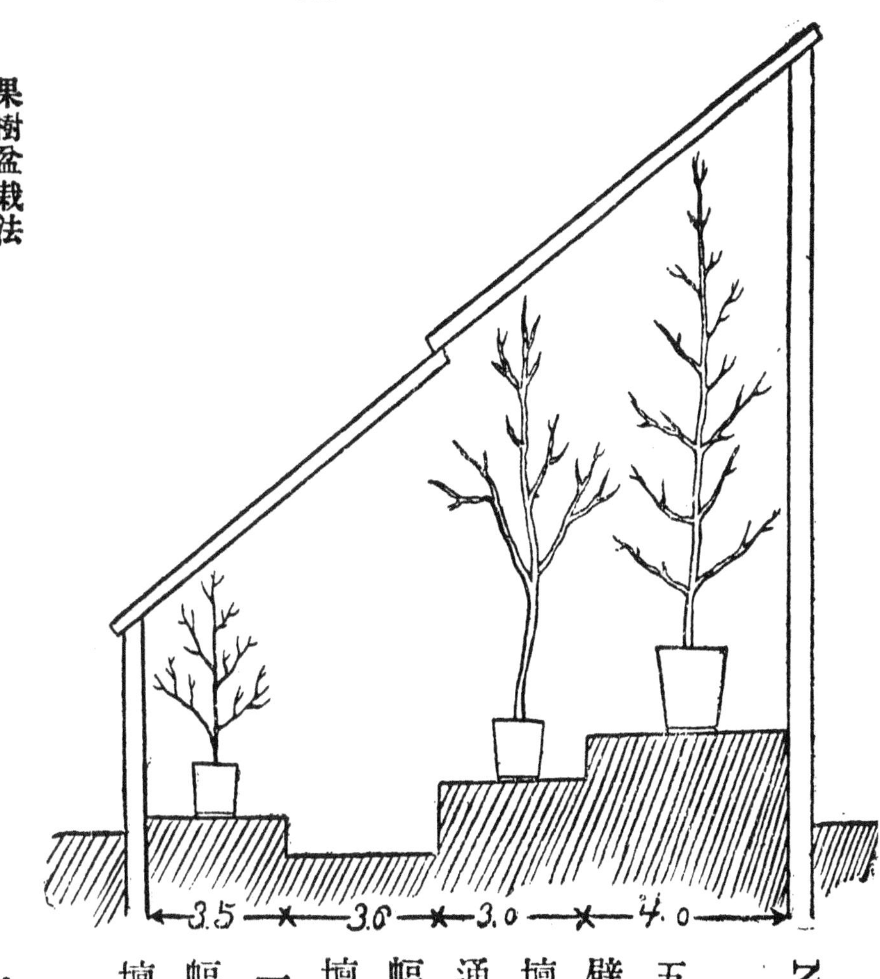

Norris 氏之栽培室

解說　室之幅十五尺。前壁高四尺。後壁高十四尺。前方植壇幅三尺五寸，高於通路七寸五分。通路幅三尺，後方第一植壇。幅三尺，高出通路一尺五寸。第二植壇幅四尺，高於第一植壇一尺。

第十八圖

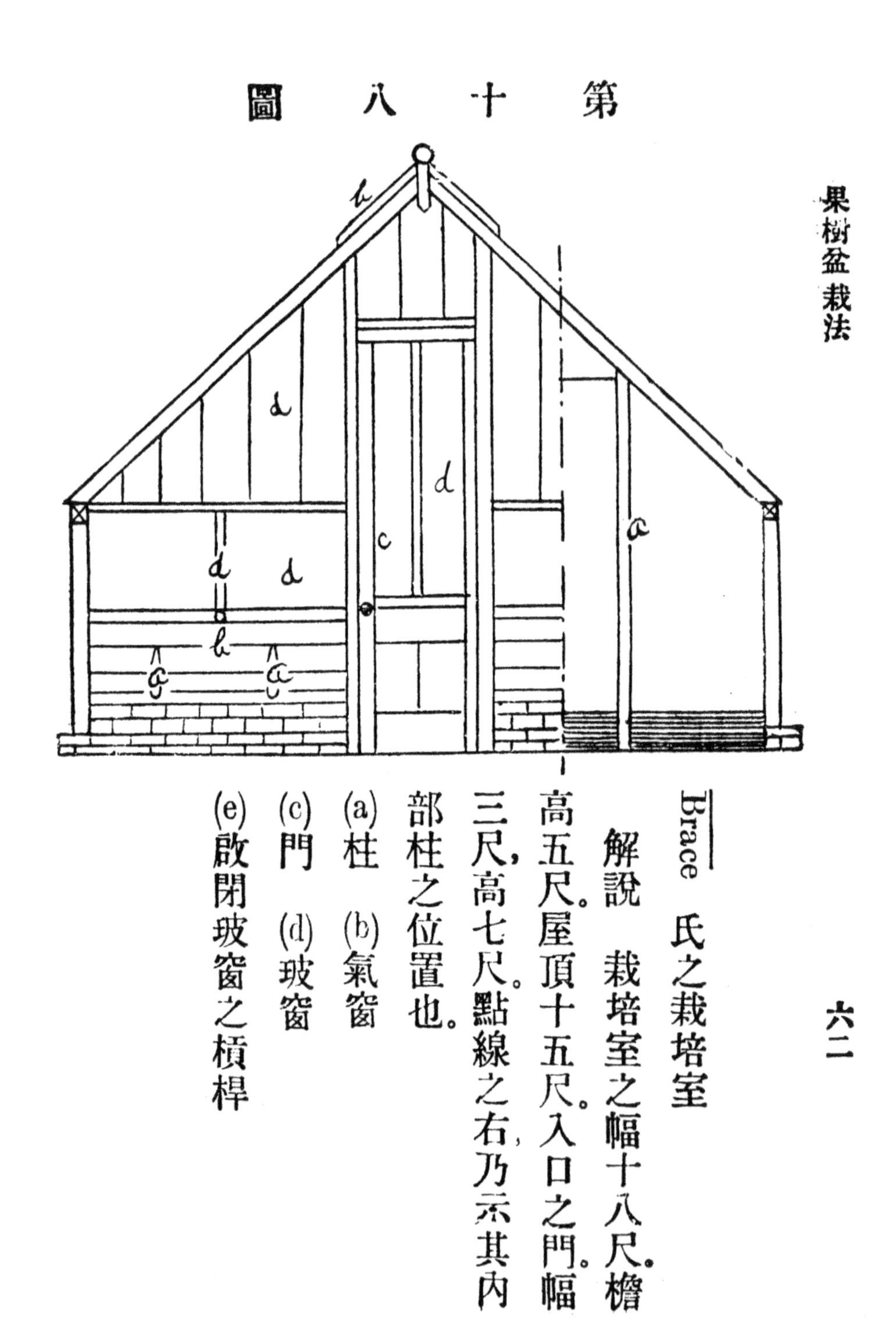

Brace 氏之栽培室

解說 栽培室之幅十八尺。檐高五尺。屋頂十五尺。入口之門幅三尺，高七尺。點線之右，乃示其內部柱之位置也。

(a)柱 (b)氣窗
(c)門 (d)玻窗
(e)啟閉玻窗之槓桿

利益者。其狀如第十八圖。

此外更有穹形之室，（如第十九圖。）惟應用者尚希。

第十九圖

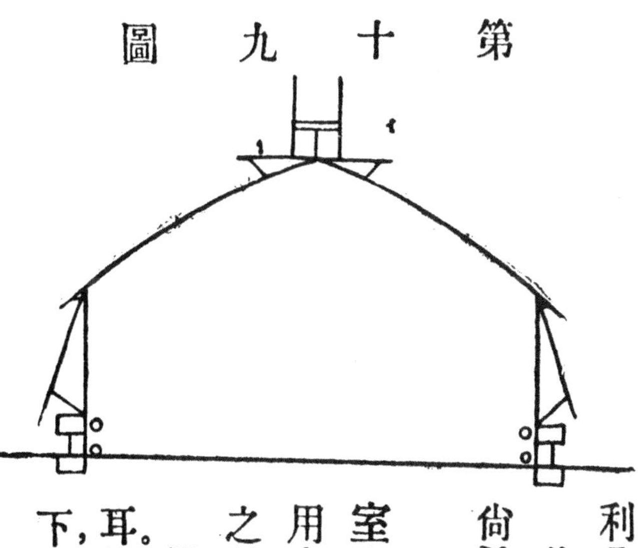

不問何式，其建築材料之鐵與磚瓦，使用太多，則室內易致乾燥，費用亦大；故墻基用磚砌外，其他宜用木材，方爲得策。木材如松，杉，檜等均可，務選耐久之材料。

雙蓋式與單蓋式，構造法無異，惟單蓋式多一壁耳。故今惟述雙蓋式之構造法與其內部佈置法於下，以例其餘。

一 構造法

室之大小，固無一定，惟其幅總以十四尺至二十四尺爲度；長則適宜定之。幅如過狹，則置盆尤爲不便。室之高，以樹形而不一致，最佳者，簷距地五尺，脊距地十尺。

墻基如經費充足，宜用磚砌，地上地下，各高八寸，上立木柱，則建設時雖較費，而其用可久。

氣窗設於前面及兩側，皆附以槓杆，以司啟閉，且均宜向下置之。又於屋面之南側設三個，北側設二個，以便風强時可以開背風之一方以通氣。又此處當防鳥類之襲入，故宜張金屬網以阻之。

出入之門戶，設於室之兩端，以高六七尺，幅三尺之一寸板爲之。

玻璃窗所用之玻璃，長一尺六寸，闊一尺二寸，格子亦依此製之。

柱用徑五寸之圓柱，埋入地下一尺，上部與屋面中央之丁字形鐵板結合。

其他詳細之處，觀第二十圖與其說明，當可了解，茲不多贅。

解說　(一)室幅十八尺，高十尺，長五十尺。所見之南側，交互設二寸與三寸之柱。(二)爲一之平面圖，以示上方氣窗之位置。點線之右表示內部柱之位置與門戶。

第十二圖

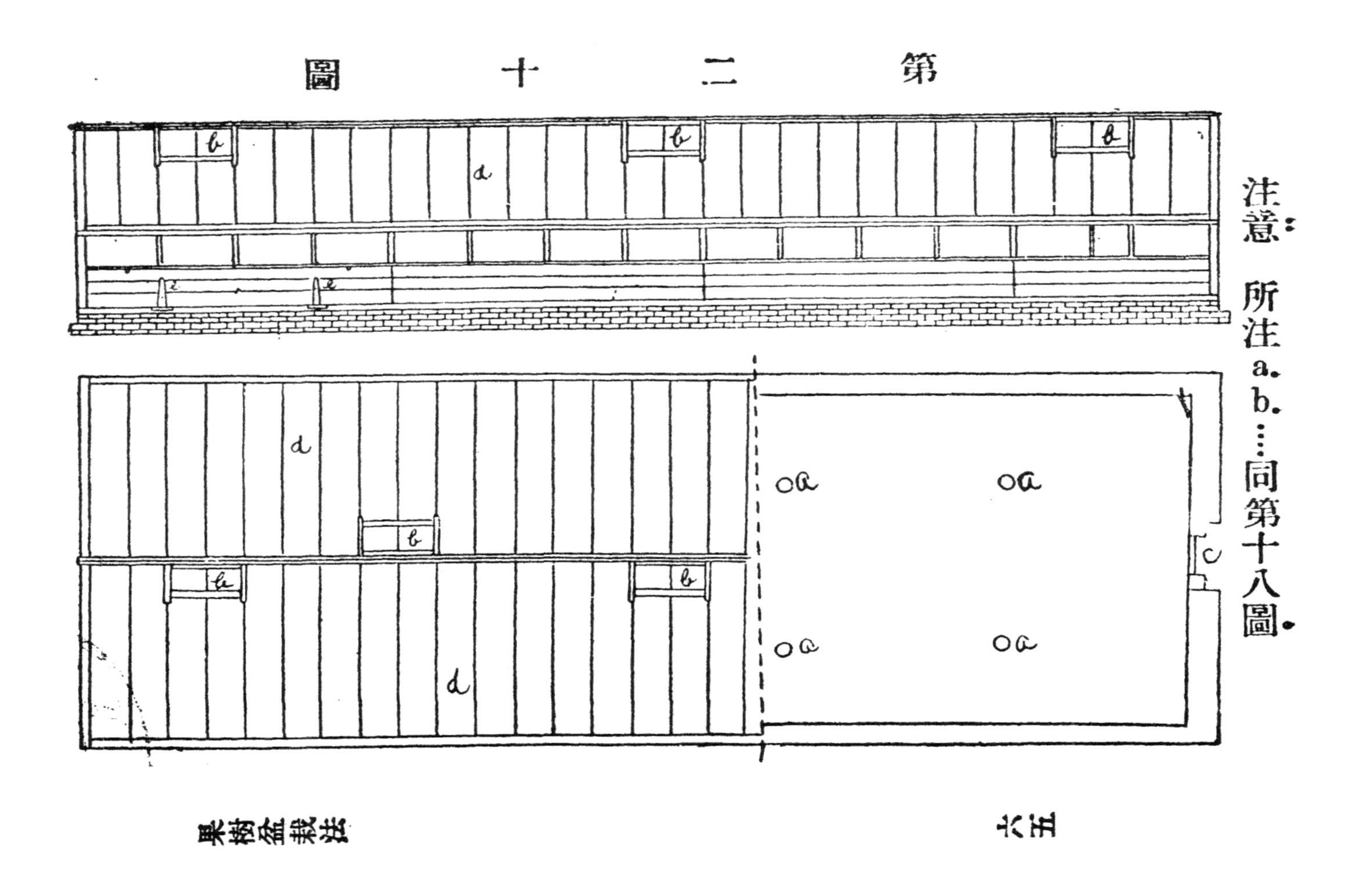

注意：所注a.b.…同第十八圖。

此栽培室，最好建設二室以上，例如設二室者，一方爲早熟栽培，一方爲促成栽培；又可爲栽培方法之比較研究。更有一便利之處，卽遇冬期加被蓋物時，二室之盆，可集於一室，空者可供他用也。

二　內部之佈置

第二十一圖

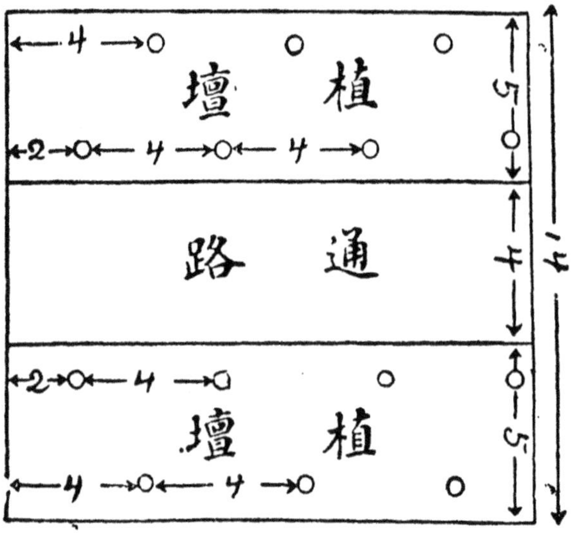

植壇
通路
植壇

室內佈置，以室有大小，勢不得不異：如幅十四尺之室，則兩側各設五尺幅之植壇，盆以四尺距離，二列交互置之如第二十一圖。幅十八尺之室，則中央留通路四尺，兩側各設七尺之植壇，盆三列置之，如前。（第二十二圖）而前列置高者，卽圓錐形整枝；中列置次高之半高木作；後列置最低之叢生形樹。

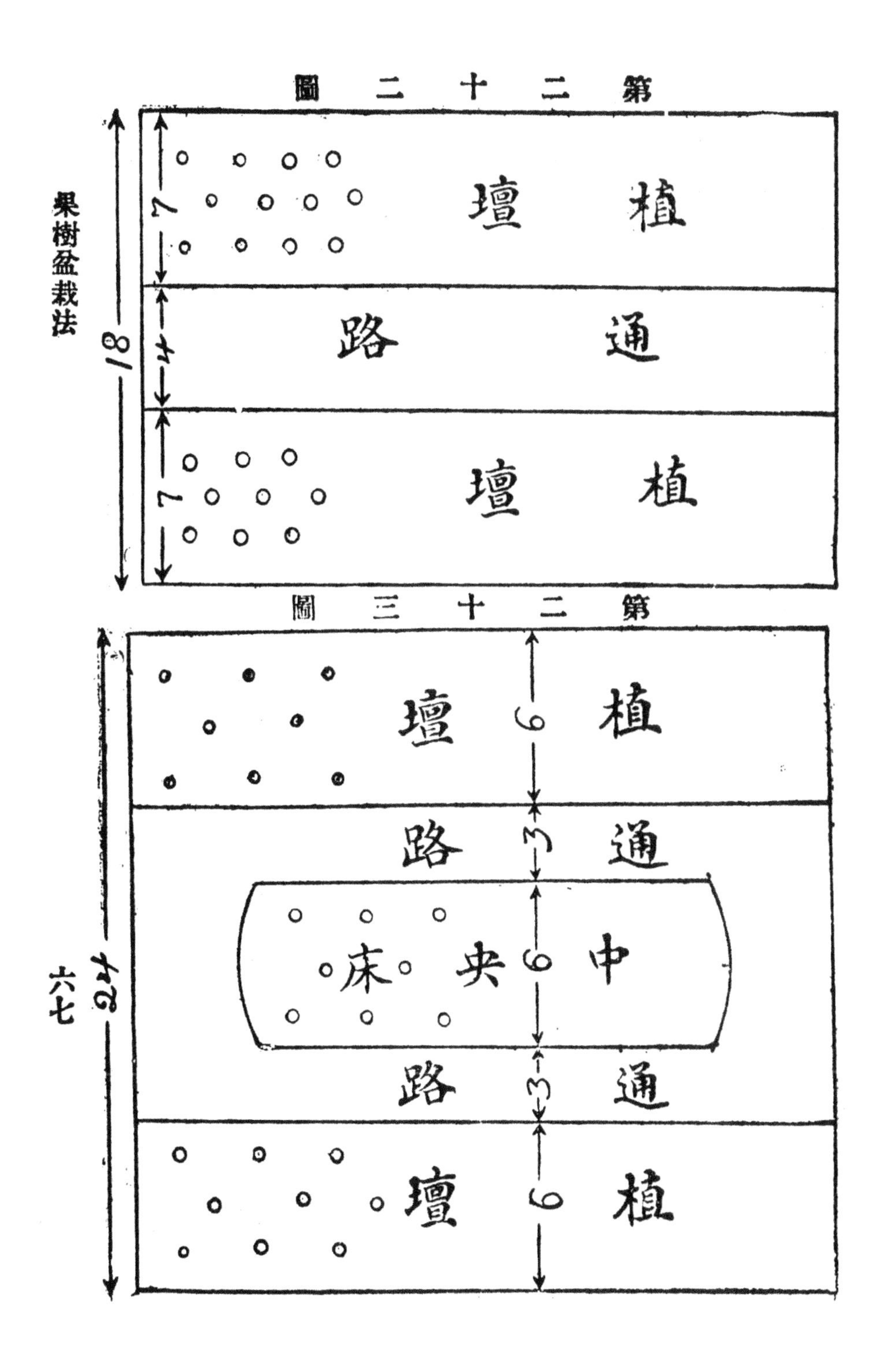
第二十二圖
植壇
通路
植壇
7
4
7
18
第二十三圖
植壇
通路
中央床
通路
植壇
6
3
6
3
6

室廣二十四尺者，中央設床地，幅六尺；兩側植壇亦六尺；而設三尺之通路。床地置圓錐形樹；兩側之臺，則置半高木作與叢生形之樹。（第二十三圖）

要不問室之廣狹如何，留三尺至四尺之通路，以便操作，其餘均設爲植壇，以期多所收容可也，

置盆之植壇，有人用磚砌或三和土造；然用煤炭燼餘之細灰積二三寸，打堅實用之，價既廉，且易得。

如是室內佈置乃畢，置盆之時，萬不可各種混置一處，如桃與櫻桃在一處，則桃自結果至成熟，以預防赤蛛，故常自樹上撒水，而其時櫻桃已着色，不宜撒水矣。又李等成熟時，撒水則風味不佳，且有剝脫果粉，損害美觀之虞，且果樹所宜溫度，亦有差異，故合置有顧此失彼之慮，分則可各隨其便也。卽萬不得已，無他室可容，亦當各種分集一處，而操作時加以注意焉。

三 發温器

用人工熱者，殆以促成栽培爲限。其所用之發溫器，大概可別爲火爐，暖爐，蒸氣加熱罐，溫湯加熱罐四種。

火爐直接設置於溫室內，而於室內燃火，室大則用鐵罐傳導火熱，暖爐與蒸氣加熱罐，則自室外用鐵管導火熱或蒸氣者也。溫湯加熱罐，則煮溫湯，使依室內之鐵管，循環傳熱之裝置也。

此四種均屬可用。最後一種，又可使室內不致過分乾燥，故尤佳。

是等發溫裝置之器具，均須專門之工場製造，其形式構造，至今尙費硏究也。

第四章　冷室栽培一年內之諸作業

一月｜月內正爲樹之休眠期，諸盆亦已被蓋，似無所事，惟氣候溫靜不致冰凍之時，當開窗通氣而已。

氣候如十分可靠，則夜間亦可通氣，否則須密閉之。蓋夜間之冷空氣，足以抑制樹之生機也。

本月中旬，如無霜害，則選天朗氣清之日，去盆面之被蓋物，且均給水一次，但如虞霜將復降，卽須再蓋。

二月—氣候晴和，無霜害之虞時，任意通氣。第一週灌水一次。本月中下旬，施行剪枝；（參照第一章第十一節）更灌水一次。

三月—此時樹將發芽，乃取去被蓋物，盡置入室，且給與生長期間所須之一定地位。每週灌水一次。任意通氣；但夜間仍須閉窗。月內嚴察氣候，而對於晚霜，尤須格外注意，以保護花芽。

月內諸樹或將開花，當用熱水管以保護之。花期中無須高温，祗須夜間保持華温三十八至四十度足矣。

花時，如其室頗大，不如設一瀛鍋，而內周繞以三寸徑之熱水管一道，如是僅三週或一月，花卽可保無虞。如其室不大，則不必用熱水管，以他種器具（如火爐等）供給所須之熱，而加以注意可也。

此等人工熱力通常惟夜間用之；蓋晝間日光之熱，已足敷用也。

樹既漸開花，則當留意其授粉作用。蜂類固爲最佳之花粉媒介者，故若每日有蜂來訪，自不必特加注意，然若氣候不適於蜂之離巢，則不得不代以人工矣。卽逐日取柔軟毛筆或絨刷，輕輕拂拭花間，卽可達授粉之目的。而靜朗之日，振動其樹，亦有助於結果。又如此時於樹間置鬱金香，風信子等之盆栽花卉，則室內奇麗，又可誘入蜂類，一舉而兩得矣。

早晨開窗通氣，直至晚向始閉，如天氣晴和，則可至五時或五時半閉之。

開花時務使空氣流通，卽有烈風之時，亦啟其背風之窗，富風者則微啟一隙，則可以驅逐停滯之空氣，而在溫暖穩靜之日，氣窗可盡開之。

前言本月中諸樹漸漸開花，實亦年有較遲者，惟據過去之觀察，似可以爲開花時期矣。

花時寧使略爲燥爽，蓋過於濕潤，不利於授粉之進行也。

苹果李梨，前於室外越冬者，本月末至四月，須加周密之保護。將開花前，必移置入室，乃可免霜害。

四月——此時或尙開花，或正結果。注意勿使溫度增高過急，漸漸自四十五度昇至五十度，或五十五度昇至六十度。且行通氣。

若天氣晴朗，溫度卽昇至六十度以上，亦屬無碍；惟須注意通氣，以期近於所定之標準耳。

生長初期，常發生害蟲，驅除法另詳。

月內或須行第一次摘果，此時須愼重爲之，且初次不可過多。

灌水務須充分，不能加以限制，如言一日若干，或二日若干，皆誤也。最簡易之判決法，卽輕叩其盆，如發清音，卽係過乾，而須灌水矣。

樹既生嫩枝，每晨當緩緩撒水少量，此於樹果之發達，均爲有益。

五月——樹既逐漸成長，見有須摘芽者，隨時爲之。

灌水必須繼續，應其所需，盡量與之，決無所害。此時注意盆土有與盆緣分離者，即以第九圖之尖頭棒，撥鬆盆土，而另取土補充之。是亦一重要作業；非此，則給與之水，易從離開處流出，而致不良之結果也。此事又須繼續查察，至已用覆蓋肥後爲止。

灌水，在晨間或日中之前，撒水則惟在早晨，而晚向閉室之時，宜撒水於通路及植壇之上。

續行摘果，去其受汚及最小者，但不可過甚，每週摘去數果，最爲相宜。而最後一次之摘果，不得在成核之後。欲知核之已成與否，可採數果剖視其核，如核已甚堅，則最後之摘果，即須停止矣。

果實已如蠶豆大時，給與第一次之覆蓋肥。給覆蓋肥時，盆中土壤，固不能更易，然於上面當挖如盌形，其深約二寸。

月中留意氣候，且早晨即須通氣，溫暖之時，溫度可高至六十度至七十度，任其通氣，夜晚乃閉氣窗。

六月——苹果，梨李，此時可移之室外，不必使於室內成熟，室外之地位，以有遮蔽物之南向或西南向者爲最佳。

各樹附以支柱，以防風害。將盆埋四分之三於地中，或竟與緣齊。置盆之穴，其底部置粗塊之煤屑，乃可免水侵。

苹果，梨李之晚熟種，固有極宜於室外成熟者，但入秋以後，晚熟種當更移入室，其利益有二：

一，果實可免風害；

二，果實留於樹上較久。

苹果，梨李，如與桃，油桃等生育於一室之內者，則移出後之隙地，可分配於所餘者。

每晨六時至八時間，若非氣候冷溼。桃與油桃，須行撒水，且行通氣。氣候温暖，卽夜間亦可撒水。
油桃與桃，有時以生育遲緩而成核遲者，但最後之摘果，必終於此月。
隨時灌水，且施液肥，約每週一次，選晴朗之日行之。
液肥之最佳者，爲良好之堆肥，尿與廐舍溜液，及濃厚之化學肥料，均非所宜。
七月——早熟種之桃，此時正當成熟，對於成熟及將熟之果樹，勿行撒水。
早熟之種，宜集於一處，則熟果之採收與樹之整理，均較便利。
如防赤蛛等害蟲，則可洒水於樹下及床上，以代撒水，其他諸種成熟之時，均可做而行之。
油桃成熟，較晚於桃，熟期之處置，全與桃同。
此後早熟種與中熟種之一部分，漸可採收。既採收者，樹當移之室外，置於向陽和暖之處，盆須埋入地中三分之二，埋時於穴底置入煤屑，以利排水，而阻蟲侵。

灌水之作業，仍與室內同，隨時行之，蓋此時已當留意於下期之生產矣。

移盆室外，其利有二：

一，所餘隙地，留爲室內樹木之用；

二，移出者接觸外界之日光空氣，有助於其樹及花芽之成熟。

室內者日間充分通氣，如天暖，夜間亦可略行之。如此可使果實增加風味與色澤。李與櫻桃，其果初着色時，夜間之通氣，尤爲必要。

注意灌水，乾燥時須充分給水，故常每日二三次。

八月—月內桃與油桃，概當成熟，採收既畢，各樹不必盡移室外，移出三分之一，留其三分之二可矣。

晚熟種果實尙未成熟者，早晚撤水，直至成熟乃至。採收已畢者，亦須撤水。

注意灌水，室內室外，均充分與之。

室內者不論晝夜，均開窗通氣。

九月—此時果實已大半採收，已採收者，早晚充分撒水，如八月所述。如是有助於花芽之發育，而亦可預防赤蛛之發生也。乾燥之時，乃行灌水。晝夜通氣，但西風起時，則當風之室，乃不能任意通氣，而夜間亦須關閉氣窗矣。

本月末或十月初，準備換盆用之土壤。

十月—本月爲移植，換盆之時，而往往先自成長旺盛之樹始。室內適當通氣，以助樹之成熟。灌水，每週止須一二次。

十一月—此時移植，換盆，大致已畢，有未了者速行之。樹既定植於盆，則於冬期休眠期內，加以整理，最好列爲單純之行列，則地積頗爲經濟。樹葉未落者，不能勉强摘去，當於無霜之晨，撒水其上，則樹葉自簌簌落，而此亦有助於花芽之發達也。

新植於盆者，如見乾燥，當隨時灌水，但至第三週以後，不得灌水矣。

注意氣候，準備被蓋物，無霜之日，晝間充分通氣。

十二月——最佳之被覆物，實爲稻稿。在外國有用大麥稈及牧草者，我國大可不必也，煤屑亦可供被蓋之用，卽集樹於一處，乃撒布煤屑於盆間盆面而堆至盆上二三寸或六寸以上是也。

樹木落葉，亦可用爲被蓋材料。

被蓋之法，卽將被蓋物被蓋盆面，高約八寸，裹其四周，盆與盆之間，亦充以同一被蓋物，務求堅實，以免凍害。

耐寒之果樹，如有設有掩蔽而能保護周到之處，亦可於室外越冬，卽如室內者同一處置之可也。

杏，桃，油桃，櫻桃，多於室內越冬。

月內全不灌水，亦不加人工熱；但柑橘類之常綠果樹，則當別論。通氣，於氣候温和無霜之日行之。

第五章　促成栽培

果樹之促成栽培，其作業與冷室栽培者大致相同，惟用人工增加温熱，使更加早熟耳。以下將各果樹分爲「成長期」「開花期」「結實期」「成熟期」四期，而記其温度與諸作業。圖其易解，故作爲一表。詳細之處，當參考前章行之。

一　桃及油桃

着手　十二月下旬。

成長期
- 温度自五十度漸升至六十度。
- 灌水充分。
- 完全通氣。
- 施稀薄液肥一次。
- 温度不宜過高，約在五十度左右。
- 花面與樹上，不宜撒水。

開花期
- 室內宜燥爽。
- 隨時媒助花粉。
- 預防蚜蟲。
- 灌水應需要而時給之。
- 充分通氣。

結實期
- 五十度至六十八度。
- 成核中施液肥一次。
- 剪定，摘芽。
- 摘果。
- 灌水，通氣，均須充分。

成熟期
- 六十度至八十二度。
- 着色時勿灌水。

充分通氣。

注意：表中温度，乃華氏温度。所示乃大體之標準。故卽夜間較低，日間以日光而增高十度至十五度，均屬無碍。以下諸表均同。

二　杏

着手　十二月中旬。

成長期　自四十三度漸至六十度。灌水宜用微温湯。通氣須充分。

開花期　自五十度至五十五度。其他與桃同。

結實期　五十七度至六十度。施稀薄液肥一次。

其他與桃同。

成熟期
六十度至六十三度。
朝夕灌水。
充分通氣。

三　櫻桃

着手　十一月下旬。

成長期
大體如桃，宜加蔭蔽。
温度自五十度至五十九度。
充分灌水與通氣。

開花期
自五十度至六十度。
預防蚜蟲與赤蛛，故灌水撒水較多。
充分通氣。

結實期：五十九度至六十度。除蔭蔽。充分灌水。通氣漸少。成核時温度降至五十五度，減少灌水，再加蔭蔽。

成熟期：六十度至六十三度。室内洒水，但勿撒水樹上。充分通氣。

四　李

着手　十一月下旬至十二月上旬。

成長期：五十度至六十度。其他依櫻桃與杏。

開花期——五十度至五十三度。
其他依櫻桃與杏。

結實期——温度漸漸升至六十五度。
成核中降至五十八度。
一日灌水二三次。
完全通氣。

成熟期——六十八度至七十二度。至七十五度以上，則開通其室。
漸減灌水。

五　梨及苹果

着手　十二月下旬至一月中旬。

成長期——自四十五度至五十五度。
充分灌水。

適宜通氣。

開花期
- 溫度不宜高，約在五十二度。
- 室內特須乾燥。
- 通氣充分。
- 盡力媒助花粉。

結實期
- 六十度至七十度。
- 充分通氣。
- 灌水且撒水樹上。
- 剪定，摘芽。
- 摘果。

成熟期
- 七十五度至八十度。
- 充分灌水，通氣。

一夜間略開，使得冷氣。

六　葡萄

着手　十一月中。

成長期　五十九度至六十八度。適宜通氣。屢屢灌水。

開花期　六十五度至八十六度。灌水漸減，或竟全停。充分通氣。

結實期　六十八度至八十六度。適宜通氣。屢屢灌水。

成熟期{六十三度至七十七度。充分通氣。灌水，於需要時適宜給與之。}

七　無花果及柑橘

無花果與柑橘栽培上細密之處，與其他各果樹之促成栽培同。惟無花果宜六十五度以上之温度，而接觸强烈之日光；柑橘需六十度至八十度之温度。灌水，通氣，均須適宜而已。

第六章　害蟲病害之驅除預防

盆栽之果樹，不問其室內室外，操作均極繁複。故略加注意。害蟲病害，卽可不發。然驅除預防之法，亦不可不講，以備萬一之應用也。

病蟲之種類極多，故其防除之法，亦難概乎言之，而一般簡單而有效者，則爲煙草浸汁之撒布與燻烟法。

煙草浸汁者，乃以煙草加水煮出之稠粘液也。用時更加水稀釋，以噴霧器撒布之。

燻烟法者，乃以落葉塵芥等有機物質，燃之發烟，以驅殺害蟲者也。燻烟寧行於晚向，以五時至五時三十分爲最佳。當日撒水全止，灌水亦絕少。翌晨乃充分撒水，以洗落害蟲屍體；但在成長初期，撒水不宜過多。

此外尙有一種「青酸瓦斯燻蒸法」，極爲有效，惟瓦斯有毒，施行時須有密閉之裝置，今姑記其分量如次。（對於一千立方尺之容積）

苗木燻蒸用	青酸加里	三—四〇〇瓦	硫酸	三—四〇〇c	時間　一小時
樹木燻蒸用（對於柑橘之介殼蟲）		二—二五〇瓦		二—二五〇c.c	四十五分

稀釋硫酸之水，爲硫酸分量之三倍。又夏期燻蒸樹木者，青酸加里減至一百至一百五十瓦，其餘依此減之。

Brace 氏謂以白苦木（Quassia）四盎斯，浸於雨水一加侖中，一至二晝夜，濾取其液，加軟石鹼二盎斯，作成乳劑，發芽前施與一次，此後每週一次，直至結果，則大概病蟲可以預防云。

今更舉主要之害蟲病害及其驅除預防法，於次：

一，蚜蟲類 Aphides

種類極多，各果樹均被其害，核果類（如桃李等）受害尤甚。葉受其害，則捲縮，故頗易覺察。預防驅除用前記之藥劑；或撒布四十倍之石油乳劑。石鹼液亦有效。

二，赤蛛 Red spider

爲極小赤色美麗之蜘蛛，在氣候較暖，怠於撒水時，卽發生，隱身葉裏。葉現黃點，卽可覺察。

三，挾蟲類 Earwige

此蟲多於結果時出現，桃受害尤甚，果受其害，卽現出尖點，終至腐敗。預防此蟲，有簡易之法二：一取柔軟之新聞紙，捲繞幹與低處之枝，則挾蟲必潛伏紙中，一索即得；二置豆萁於盆面及樹之周圍，待其潛伏取除之。

四，象蟲類 Weevils

象蟲之害，與挾蟲同；惟晝伏夜出，故須於夜間捕之。杏，苹果，櫻桃，李，梨生長初期，象蟲往往產卵塊於嫩葉，而自己藏身於捲葉中，花期中亦時有之。

驅除此蟲惟有捕殺一法。

五，蟻類 Ants

蟻爲極可厭之害蟲，果樹開花時，潛居花內，嚙食雄蕊，使花粉不能成熟，妨碍受粉作用之進行；結果之時更害果實以致落果，故須嚴密注意。

預防之法，以白堊塗抹幹部成環，約幅二三寸，一至乾燥則其處即極滑澤，蟻不能上升矣。但此物一遇潮溼，立即失其效用，故須加注意。此外如毛髮之捲繞，煤黑油之塗布，均可阻蟻之上升也。

六，諸病害

病害之主要者爲「腐敗病」「炭疽病」等一般病害，均難檢蟲，且發病後之救濟亦難，故以撒布前記諸藥劑預防之爲要。

果樹盆栽法終

通俗教育叢書

農業淺說

丁錫華編 一冊一角

本書分十個節目：㈠何謂農業，㈡農業之由來，㈢農業之進步，㈣農業之效用，㈤農業之種類，㈥農業之經營，㈦農業之土地，㈧農業與資本，㈨農業與勞力，㈩農業與科學。一至三節述農業之起源及其演進，四至七節述農業之類別及耕作方法，八至十節述中國農業之泥守古法，及東西各國機械化農業的進步；最後主張以普及農村教育爲改進農業之張本。敍述簡潔肯要，爲復興農村經濟期中不可或缺之書。

養鷄淺說

盧壽籛編 一冊一角

本書計分：總說，鷄之種類及形性，孵卵，育雛，鷄之繁殖法，雛之飼養法，雛之飼育法，雞之管理法，雞之生理及病理，養雞曆，養雞之餘利等十章。舉凡養雞必要之知識，大體已備，文字淺顯，敍述扼要。

種樹淺說

丁錫華編

一冊 一角

造林是復興農村運動期中，最重要的事項。不但可以點綴風景，免除旱潦，於農業經濟，更有莫大關係。本書是應時代的需要而編輯，盡量把種樹的常識，介紹給一般農民。全書分八章：㈠㈡兩章，述種樹的必要與利益；㈢㈣兩章，述樹木之種類性質及種法；㈤㈥兩章，述樹木之修剪保護及伐用方法；㈦㈧兩章，述樹木的栽培及防止蟲害等法。材料豐富，文字通俗，極易領會。

中華書局發行

中0822(全)　24,6,

中華書局出版

簡明園藝學

丁錫華編 一冊 二角

本書可供家庭、學校研究園藝之用，所選材料，切合實用，富有興味。內容分五章：㈠總論，述園藝之界說及種類，園藝要需與要術。㈡果樹園藝，述果樹之種類與個性，及繁殖修葺之法。㈢蔬菜園藝，述蔬菜之種類與個性，及繁殖治理之法。㈣觀賞園藝，述觀賞種類，花木之個性與特態，以及催花、護花等栽培方法。㈤觀賞雜藝，述盆景、瓶花之處理，及花色變換與保存之法。詳示實驗手續，不尚空論，更附以實習參考，俾學者易於取法。

園藝一斑

盧壽籛編 一冊 一角五分

本書於總論之後，分上、下兩編：上編述花卉園藝，下編述盆栽園藝。一切手續，皆折衷學理與實驗。說理不涉艱深，舉例務求淺顯。期適合家庭園藝之用；且使閱者生高尚優美之興趣。並於說理之外，附以最精緻、最明顯之插圖，俾學者可按圖索驥，易於仿行。

中0·87(仝) 24,8.

民國十三年二月印刷
民國十三年二月發行
民國廿五年九月七版

果樹盆栽法（全一冊）

實價國幣二角

（郵運匯費另加）

有著作權 不准翻印

編輯者 吳瑜

發行者 中華書局

印刷者 中華書局

印刷所 上海澳門路 中華書局

總發行處 上海福州路 中華書局

分發行處 各埠 中華書局

（三四〇五）

蔬菜園藝學

黄紹緒 編

商務印書館
民國二十二年

高級農業學校教科書

蔬菜園藝學

黃紹緒編

商務印書館發行

黃紹緒編

高級農業學校教科書

蔬菜園藝學

商務印書館發行

編輯大意

(一)本書編輯，在供高級農業學校師範學校及鄉村師範學校蔬菜園藝教科書之用。經營菜園者，以作參考，亦極相宜。

(一)本書分上下二卷，上卷通論，下卷各論。通論注重基本原理，各論注重實用方法。

(一)蔬菜栽培，隨各地風土而異。欲求一書中舉出適於各地應用之方法，實至困難，且亦不可能。惟各種蔬菜栽培上所需之因子，已經園藝界先進，詳分縷析，得有許多確定之原理。故科學的蔬菜栽培，雖不能以人力轉移一地之風土，但可隨時變通方法，以適應之。

(一)一地之蔬菜園中，若經營得法，可種許多不同種之蔬菜。但種菜以營利爲目的者，必須取最適於本地風土及經濟情形之種類。

(一)凡採用本書爲教科書者，除通論爲基本原理，必須全部教授外，其各種蔬菜之栽培法，可按下列三原則，擇要教授之。第一取本地最有經濟價值之蔬菜，第二取本地次要之蔬菜，第三取本地必須有而可自他處輸種之蔬菜。

(一)本書各種蔬菜栽培法之排列，依需用部分之分類關係爲序。但教授時，教師若參酌本地情形，依各種蔬菜栽培季節之次序教授之，則取材及各項工作，必較便利。

(一)研究各種蔬菜之栽培法，須參照通論所述之原理及方法，蓋已見於前者，以後不再複舉也。

(一)蔬菜園藝之教授，教室與實習並重。故除講授外，教師應備適當之實習材料。

(一)本書上下二卷，可供一年教材之用。(每週上課二小時實習二小時)

蔬菜園藝學目次

上卷　通論

下卷 各論

第三編　葉菜類……………………………………………一五七

蔬菜園藝學

上卷　通論

第一章　敍論

人類倚爲生活之食品，除糧食外，即當推蔬菜最佔重要之位置。其功用在佐米、麥、魚、肉，增進食慾，輔助消化；並供給人類生理上所必需之維他命（Vitamines）。有多種蔬菜，能淸潔血液，旺盛循環；更有能治愈疾病，防免傳染者，故爲吾人每日三餐中所不可或缺者也。

蔬菜之意義　蔬菜二字，就狹義言之，爲栽培之草本植物，供吾人副食者也。但今日供吾人副食之蔬菜，已有不限於草本植物者，如竹筍香椿是。是故就廣義言之，所謂蔬菜，乃指一切草本植物，或木本植物，其需要部份，概柔軟多汁，有一種特殊風味，可烹調爲餚饌，而供吾人副食者也。

蔬菜園藝 蔬菜園藝爲園藝學之一，卽專研究蔬菜栽培之學理與技術者也。依其經營之性質，又可分爲若干種。茲特列一表於左，以明蔬菜園藝在園藝上之地位與其所包含之種類。

園藝學
- 花卉園藝
- 果樹園藝
- 蔬菜園藝
  - 營利的
    - 近市蔬菜園藝
    - 遠市蔬菜園藝
    - 罐藏蔬菜園藝
  - 娛樂的——家庭蔬菜園藝
- 風景園藝

近市蔬菜園藝 近市蔬菜園藝（Market gardening）乃栽培普通種類之蔬菜，專以供給本地日常所需要爲目的者也。其菜園之地位，須在當日能將蔬菜送市出賣之處。若所近市場爲小村鎭，其計劃當力求近於家庭蔬菜園。所選蔬菜種類宜多，以便一年中有繼續不斷之蔬菜供給市面。如所近之市場爲大城，則菜園地皮之價値必甚高，必需用精耕法將土地充分利用，方能使每畝收入增加。同一地面一年中須兩熟至四熟。施肥須多，並須行人工灌水。

遠市蔬菜園藝 遠市蔬菜園藝（Truck-growing, truck farming, or trucking）乃於離市場較遠之地，種植蔬菜，必須藉舟車之力，其蔬菜乃能運達市場者也。其菜園之地價，通常較近市蔬菜園爲低。栽培方法常較粗放；所選蔬菜種類常較少；但每種蔬菜栽培之面積則較寬。每每一地只有一二種專門栽培之蔬菜，以輸於遠地，甚有一家專門注重一種蔬菜者。此項專門栽培之蔬菜，自須特別適合當地之風土情形。施肥及耕耘，亦極重要。最好將目的所欲種之蔬菜，排列於一適當輪作計劃中，每三四年輪轉一周。如是地力必不致因生產過甚而減低。例如在一種砂土地方栽培西瓜者，冬季可栽培小麥以爲主要糧食；若行小麥、金花菜、西瓜輪作制，結果必美滿。倘其地可植玉蜀黍，輪作制亦可延長一年，植玉蜀黍於金花菜之後。金花菜不能繁盛之地，可以豇豆代之。在黏重土壤，金花菜不能繁盛而又不能栽培小麥者，若植甜瓜爲主要之蔬菜，可行玉蜀黍、豇豆、甜瓜、牧草輪作制。以番茄代甜瓜，行同樣之輪作制，亦能優良之結果。

罐藏蔬菜園藝　罐藏蔬菜園藝(Growing vegetables for the cannery)乃於風土特別適宜某種蔬菜之地，專門栽培該項蔬菜，以供罐藏之用之企業也。罐藏廠常設於此項蔬菜栽培甚盛之地方，可爲罐藏之蔬菜，有石刁柏、豌豆、甜玉蜀黍、番茄、王瓜等。栽培之方法，與近市蔬菜園，初無二致，亦須力求新鮮；早熟與否，關係較少；耕耘則遠較粗放。販賣方法，多由罐藏廠預定契約收買，此亦與他種蔬菜園藝所不同者也。

家庭蔬菜園藝 家庭蔬菜園藝（Home vegetable growing）並非以金錢爲目的，乃爲供給自己所需新鮮之蔬菜者也。其計劃須包含多種之蔬菜，俾一年四季能繼續不斷供給家庭之需要。其面積常小，最多不過一二畝。小者數方丈之地亦足矣。

第二章 土壤及位置

各種蔬菜類中，除幾種特別之種類如芹菜、西瓜等必須在特適之土壤方能充分發育外，其餘供給市面普通蔬菜類所需之土壤，則任何處皆可得之。如栽培西瓜衆多之地，必爲砂質山脊之區；有名芹菜之出產地，必爲潤澤腐植質豐饒之區。而大多數之蔬菜，則能適於多種之土壤。是以宜於種植普通農作物之地，以之作娛樂的蔬菜園，或作供給本地普通蔬菜之營利蔬菜園，均無不可也。

砂質土 蔬菜類雖能生於多種之土壤，但欲其成熟較早，則非選用輕鬆土不可。蓋此種土壤，在春季乾燥較早，播種當然亦可較重黏土爲先。且砂質土較黏性土爲暖，其上生長之蔬菜，自亦易於發育。砂質土之適於種植普通蔬菜，尚有數優點爲他種土壤所不及，卽此種土壤，耕耘較易，施肥亦不難，雨後在極短期內卽可工作，無踐踏膠結之弊，地面雖尙潮溼，亦可進行採收工作。惟亦有一種弊病，即當乾旱時，蔬菜易於受害。但若表土之下，有一層較緊密之心土以維持水分，則此弊可免。

黏重土　含黏性較多之土壤，最適於遲熟蔬菜之生長。凡生產季中雨量稀少者，尤不能不賴黏重之土以維持水分。但黏重土非加有多量之腐植質，則每經雨後，地面必致硬結，此於耕耘極有阻礙。若當潮溼時舉行耕作或踐踏，則地面又易泥濘，管理亦至為不便。是以黏重土在雨後，可耕作之適宜時間極少。惟一補救方法，只有俟其不乾不溼之時間，及時耕耘耳。

黏重土改良法　黏重土之欲種植蔬菜者，亦可以人工改良之。最有效之方法，有以下數種：（一）耕入腐植法；腐植質有使土壤膨軟及增進水分透通之能力，且能防乾燥時表土之凝固。或施基肥，或耕覆綠肥，均可達此目的。（二）排水法；此法可使地面乾燥。有明溝及陰溝二種。明溝即普通掘溝排水之法，陰溝即以土管設置於地下排水之法。（三）秋耕法；在秋季若將土面耕為狹畦，至翌春必較早達於可耕作之情形。且在冬季，耕起之心土，易於風化，則於改良土質，亦甚有效。此外如搬運他處之砂土以作客土，或常聚土面之雜草柴屑等以火徐徐焚之，亦可使黏重土疏鬆膨軟。

最適宜之位置　種植蔬菜，須養分甚多，故選擇土地，務須肥沃而表土深者。概言之，以肥沃之平地而微向南傾斜者爲佳。蓋如此既可便於排水，又可使土壤肥料，不致受重大之冲失。且向南之傾斜地受直接之日光較多，北來之風亦可防蔽，凡此皆可促成蔬菜之早熟。若所植之蔬菜欲其遲熟，則宜在完全平坦之地，因其水分與肥料均富饒也。

第三章 影響蔬菜品質之要素

席上蔬菜品質之優劣，有數種因子足以左右之。最重要者，當爲烹調廚役技術之高下。烹調如得法，則可口而衛生。否則顏色、組織、香味、及消化性，均必劣壞。是以茄子、蘿蔔、白菜、黃瓜等蔬菜，皆各有其特別之烹調方法。但此種因子，由於外來；苟蔬菜之本質不佳，縱有良廚，亦無由得美餚矣。茲舉影響蔬菜本體品質之要素如下：

蔬菜之鮮陳　蔬菜之鮮陳，與其品質，有直接之影響。雖有少數種類，即陳亦與品質無大關係，但大多數均以新鮮者品質爲較優。有多種蔬菜在採收後，遺失水分甚速，不久即萎縮，致健盛之特性完全破壞。蘿蔔、萵苣之類，若萎縮過甚，則失其作生菜之價值。他若白菜、茄子、豇豆等，亦以新鮮者品質較佳。此蓋就組織方面而言，若靑豌豆、甜玉蜀黍等，則採收以後，雖數小時之內，其香味亦必遺失。故甜玉蜀黍、青豌豆一類之蔬菜，最好在採收後一小時以內食之。嚴格而論，凡易萎縮之蔬菜，在普通市面實難購得眞正新鮮者。此所以許多欲食新鮮蔬菜之人，常自闢土地自行種植。家庭蔬菜園較營利蔬菜園之優點，亦卽易得較新鮮之蔬菜也。

成熟度之關係　蔬菜採收時之成熟度，與其品質亦有密切之關係。一般蔬菜最適宜之採收時期，大率在將完熟之前。爲時甚短。種菜營利之人，因人工經濟之關係，每每所種之蔬菜，留於土面時間過久，或一次採收之產量過多。因此同次採收之蔬菜，往往成熟度大有不同；或嫌太老而多粗纖維，或嫌太嫩而過含水分。若青豌豆、甜玉蜀黍等，採收時期稍遲數日，必變爲堅硬而不合於作蔬菜之用。豇豆過熟，則夾中全變纖維；胡蘿蔔過熟，則內部或變堅硬或變爲空髓。黃瓜、茄子之類，如過熟則種子堅硬，果實卽不宜作蔬菜。反之若在適宜時間採收之，則蔬菜之品質，必可增進；於此又可見自闢園種菜，較勝於向市面購買也。

温度之影響　欲求新鮮而適度成熟之蔬菜，必須其生長時有最適宜之環境。有許多蔬菜之品質，確須視温度之情形爲轉移。如胡蘿蔔、萵苣、蘿蔔、菠菜、花椰菜等，絕難於高温之下生長。但另有多種蔬菜又非在高温下，不能充分發育，故在冬季難以產生。若西瓜、甜瓜、番茄、辣椒等是也。

水分之需要　水分亦爲影響蔬菜品質之重要因子。冬季蔬菜，生長期甚短，而以根、莖、葉充食用部分者爲尤甚，是以其生育全期中，皆需要多量之水分；而於採收適期時，水分之供給，尤爲重要。胡蘿蔔、萵苣等在採收前若遇乾旱，則其香味必遭損害。倘水分缺乏，同時又遇高溫，則香味受損害更劇。有許多夏季蔬菜，又須在初生時供給多量之水分，以促其莖葉之發育；至將採收時土壤中反須含水分較少，以增進其細緻之組織及香味。尚有多種蔬菜品質之優，與發育迅速有聯帶關係。若冬季蔬菜及短期蔬菜之以發育部分供食用者，尤爲顯著。倘溫度合宜，水分適中，自易使蔬菜迅速生長，但根本上尤不能不賴充分養料之供給。蔬菜之以果實或種子供食用者，其發育部分亦須健全，否則果實及種子之品質仍不能充分良好也。

耕耘　耕耘爲保持土壤中水分最重要之方法。更能使土壤有良好之情形，以供給蔬菜之養料。品質良好之蔬菜，當然產於耕耘較良好之地。是以耕耘亦爲影響蔬菜品質之一因子。有許多蔬菜，若遇病蟲害，其品質必變爲低劣。如西瓜藤若遇蟲蝨或銹病，則西瓜之品質，必立減低。其他之種類，遇病蟲害後，形狀、顏色、及產量所受之影響，則較品質所受之影響爲多。但病蟲害過劇者，致使蔬菜生理營養上受阻礙，亦足以減低品質。故防治病蟲害，亦爲增進蔬菜品質之一道。

品種　品種爲影響蔬菜品質最基本之因子。品種不同，形狀、顏色、大小、及生長季節，大有差異；品質亦然。蔬菜之品種，市面常可購得之，其種子亦可向種子店購買。各國種子商多註有「標準品種」一字樣。其中多數，曾經選擇多年，確具有優良之特性。此項特性，包括生產量豐富，成熟期甚早，形狀美觀，能耐搬運等；若清香之氣味，細緻之組織，尚其次焉者。故市面售賣之胡蘿蔔、青豌豆、豇豆、甜玉蜀黍等，其品質尚難稱最優良。是以家庭蔬菜園若購買蔬菜種子，不必選擇所謂「標準品種，」當注意選擇優良種性堅定者而繁殖焉。

第四章　種子

蔬菜之繁殖器官，除種子外，尚有根、莖、葉等。此種供給繁殖之部分，皆得謂之種子。種子爲蔬菜之基本，設有不良，則耕耘雖得法，灌溉雖有方，亦難得優美之成績。所謂優良之種子，必須具有下列之條件：（一）須與所要之種類或品種相符，而不混雜他種種子者；（二）生產之蔬菜，須能表現其品種固有之特徵者；（三）須新鮮而發芽率高者；（四）須不混雜質者。

種子之來源　家庭蔬菜園種子之來源，多向小雜貨店購買。此法誠極便利。惟小雜貨店之種子，多爲普通之種類，品質較優良者，多未備辦。是以欲購買品質優良之種子，必須直函大種子公司購買。營利蔬菜園，常需多量特別種系之種子，每直接向專門培育此項種子之農人購買。培育某項特別蔬菜種子者，多在該項蔬菜最適宜栽培之區。亦有種菜者自行選留種子。在有些蔬菜園中，只植一品種者，自行留種固無若何困難。但品類若種植較多，則花粉易起雜交，結果產出不確實之品種。且管理上必須十分留意，否則去所希望之標準必遠，品質及產量至第二代均必有變爲低劣之趨勢。若所需之種子不多，仍以向

第一圖　蔬菜種子試驗地

種子店購買爲合算。至於專種特別蔬菜以營利者，則又以自行育種，較爲有利。

培育優良種子之方法　欲培育某項蔬菜之優良種子，其種地之土壤及氣候情形，必須最適於該項蔬菜之習性。種菜者更須熟悉該項蔬菜品種之特徵。最初舉行良株選擇，其次行去劣與去僞。凡留種之蔬菜去僞方法，皆必仔細行之。且須年年選擇良株。如此各品種之優良種系乃得育成焉。

種子發芽力之試驗　蔬菜種子，若當其栽培時曾遭遇不適宜之環境，或調製之方法不得其當，或儲藏不得其法，或年代過久，均足使其不易發芽或發芽而植科弱細。惟一考察方法，只有舉行種子發芽試驗。種子店如欲保證其種子之可靠，在封裝出賣前，亦當先試驗之。試驗方法，可用磁碟，上加綿絨或布片，再取種子一二百粒置布上，但須留意勿使各粒互相接觸，然後以水濕之，惟勿使浸透，並使保持華氏七十度之温度。另一種試驗方法，將所取之種子百粒或二百粒，以濕潤之吸水紙包之，置於發芽試驗箱內。或置吸水紙於玻璃板上，兩旁垂水中，而置種子於紙上。總之，裝置之方法，雖各不同，其要旨無非使種子得到適當之温度、濕度、空氣而已。裝置既畢，每日檢察一次，見有發芽者，即移去之，並記其粒數於日記表，四日至十日之間，必可芽齊。總計其連日出芽之數，則發芽率不難明知矣。有多種種子，其平常之發芽率，常較他種種子爲低。下所列各種子標準發芽率表，乃美國農部所鑑定。凡種子之發芽率與此相等或且過之，方能視爲好種。否則劣壞，不宜取用。

第一表　蔬菜種子發芽率標準

種類	發芽率	種類	發芽率
石刁柏	八〇—八五	豆類	九〇—九五
菾菜	一五〇(註)	甘藍	九〇—九五
胡蘿蔔	八〇—八五	花椰菜	八〇—八五
芹菜	六〇—六五	甜玉蜀黍	八五—九〇
黃、瓜	八五—九〇	茄子	七五—八〇
萵苣	八五—九〇	瓜類	八五—九〇
芥菜	九〇—九五	葱頭	八〇—八五
旱芹	七〇—七五	辣椒	八〇—八五
蘿蔔	九〇—九五	菠薐	八〇—八五
番茄	八五—九〇	蕪菁	九〇—九五

(註)所謂菾菜種子，實爲一種果實，內部每含一枚以上之種子。

蔬菜種子可保存之年限　種子以新鮮者爲貴，陳則其生活力漸失。但有多種種子，其能保持之年限，常較他種種子爲久，故陳種子亦有完全可靠者。茲舉各種蔬菜種子能大概保存之年限如下：

第二表　蔬菜種子生活力能保持之年限

種類	年限	種類	年限
石刁柏	五	豆類	三
菾菜	六	甘藍	五
胡蘿蔔	四	花椰菜	五
芹菜	八	甜玉蜀黍	二
黃瓜	十	茄子	六
苦苣	十	卷心菜	五
球莖甘藍	五	韭	三
萵苣	五	甜瓜	五
芥菜	四	葱頭	二
旱芹	三	辣椒	四

南瓜	五	蘿蔔	五
大黃	三	菠薐	五
番瓜	五	番茄	四
蕪菁	五	西瓜	五

第五章　養料

栽培蔬菜，欲得最多之產量，則地中不能不有充分可利用之養料。且蔬菜栽培之季，較稻麥為密，地面極少休閑，故施用之肥料，宜較普通農作物為多，因此有許多蔬菜，其品質之高下，完全與肥料用量之多寡為正比例。此施肥一項，在蔬菜栽培上，所以佔極重要之位置也。

植物所需養料之原素，雖不下十餘種，但除燐、鉀、氮三原素而外，皆可自土壤、空氣及水中得之。此三項原素在土壤中亦含之，特其可利用之數量，不足供一季之需耳。設此三種原素中，有一種或二種缺乏，則蔬菜之產量必減少。種菜者施肥之目的，無非欲使燐、鉀、氮三原素有適當之供給，足以產出最多之蔬菜而已。土壤不同，蔬菜種類變更，所需三要素之適量，亦大有區別。

蔬菜養料之來源有種種。未墾之地，其可供植物利用之養料，僅一小部分。若將土地仔細耕耘，再加以充分之有機物質，則可使土壤中含可利用之養料較多。否則土壤中雖含有甚多之養分，必仍爲不溶之狀態，難爲植物立刻所利用。若僅有精細耕耘，亦不足使土壤中有充分可利用之養料。非施用直接之養料不爲功。植物最重要之養料而爲蔬菜栽培所常用者，有廄肥（動物肥料、綠肥、化學肥料等數種。

動物肥料　動物肥料對於蔬菜栽培，有特殊之價值，其本身除直接供給蔬菜之養料外，並能增加土壤中之有機質，使土中原含之養分，有較多可利用。此蓋因肥料分解時，發生多種有機酸，可作一種溶劑也。各種動物肥料所含之養分，頗有差異。其成分完全視家畜之種類（如馬、牛、羊、豬、雞）含藁草之多寡，及儲藏之情形而不同。若受雨淋沖失，或過分發酵，則養分價值減少。但蔬菜所需之肥料，其物理情形，較化學成分尤有關係。爲求肥料之效用迅速起見，一部分之養分，必需犧牲。如腐熟肥料，對於蔬菜栽培之效用，往往較新鮮肥料爲優，但當其腐爛時，大部分之養料，必歸遺失也。

完全腐熟之肥料或有機物質，謂之堆肥。法將欲腐熟之肥料及他項物質，聚作矮長堆，堆長六尺或八尺，高約二尺許。六個月或一年之後，即已腐熟，可待施用。堆側以能直立爲佳，堆頂宜平，以便雨水之浸入而免流失。如天氣乾燥，宜間灌以水。有時常以土壤、草泥、糞肥等交疊爲層而堆之。如此肥料之遺失可較少。在將施用前一二星期，宜將堆自側切下而重新拌和之，俾肥料得充分分解，全體皆有細密之組織。以前此項工作，概以手叉等爲之，今則多用礫耙或犂矣。凡堆肥宜間一二星期攪拌一次，須拌和三四次，方可施用。若苗床所需之基肥、追肥，及他種速效之養料，皆可施用堆肥。

凡動物肥料，無論其爲堆肥與否，其對於蔬菜之肥料價值，均較對於農作物類（如五穀）之價值爲優。此因其所含氫素及鉀素之成分，比較上較燐酸爲多。蔬菜之以根、莖、葉爲供食用部分者，需要極多之氫素，若燐酸之用量，則比較不甚重要。二者適相脗合也。

綠肥　凡栽培之植物，不收穫或不自土而移去，仍耕覆於地下者，是爲綠肥。當綠肥分解後，其所含養料，遂變爲他種植物可利用之養料。且當其分解時，構成多種有機酸，能助土中養料之溶解，亦有利於後作。此種功用，與動物肥料相似。土面空閑時，種一種雜草，耕覆之後，雖可以作綠肥，但經營蔬菜園者，絕不肯讓其土面休閒，以求綠肥作天然之養料。普通種爲綠肥之作物，必在其生長期內，充分收穫其供蔬菜之部分，然後以其殘餘耕覆作綠肥。可作綠肥之作物，有豇豆、綠豆、大豆、豌豆、蠶豆、黑麥、芥菜、油菜等。若係栽培一種或數種蔬菜以輸於遠地者，用苜蓿、紫雲英等作綠肥，亦極相宜。

化學肥料　化學肥料，乃養分之濃厚者，在市面可以購買。分完全肥料及不完全肥料二種。完全者乃一種中，燐、鉀、氫三要素俱備，不完全者僅含一或二要素而已。化學肥料所含養分之數量，差異極大。故售賣時須保證其所含某養分能分析之百分數。化學肥料製造廠每製造許多種類，以應各種土壤及作物之需要。單含某要素之肥料，其價值常不若完全肥料之昂貴，故種菜者，若用化學肥料，宜購買單含某要素者，自行配合。如此行之，不特成本可省，即對於各種蔬菜之需要，亦較易適合也。

專供氫素之化學肥料，有硝酸鈉、硫酸錏、

第二圖　發育茂盛之豇豆耕犁地下作綠肥

乾血、棉子餅等。專供燐酸之化學肥料，有燐礦石、骨粉等。其粗者之效用，遠不及經酸製者之大。惟繼續用之過久，於土壤易起不良之影響。用蒸汽製過之骨粉，最合於蔬菜之施用，因其效速而又無害於地力也。專供鉀素之化學肥料，爲硝鹽、硫酸鉀、草木灰等。尤以草木灰爲最佳。其含鉀素之成分，比較爲少，但效用甚速而又無害於土壤。硫酸鉀對於若干蔬菜，其價值較大，如馬鈴薯卽一例也。

化學肥料容積較小，而所含養分又較濃厚，農人自樂用之。但若繼續施用甚久，則動物肥料及綠肥，必將受排斥。結果使土壤中缺乏有機質，致其組織失去鬆脆之性而難以耐旱。是以蔬菜栽培，施用肥料，仍當以動物肥料及綠肥爲主，化學肥料爲副，不可不注意也。

施肥之方法　早春或晚春之蔬菜，欲施用粗肥者，最好於秋季卽耕覆於地下，此蓋與以充分之時間，以便在春季蔬菜發育之前，已先腐壞良好也。腐熟精細之肥料，則須在耕地之後，蔬菜栽植之前及時施用。春、夏、秋各季之蔬菜，皆宜如是。在耕地或移植之後，地面施行追肥，亦極有效。化學肥料之施用，多在耕地之後，宜行撒播。然後以碟耙或齒耙使其與土壤混合完好。條植之蔬菜，最好隨條行之附近條播之。速效之肥料如硝酸鈉、草木灰等，多就菜科之附近施之。蔬菜之行點播者，則宜將肥料施於點穴中。或於撒播肥料之後，再施點播肥料。如此其效用可甚速。但須腐熟之動物肥料或可利用之化學肥料，方可施用。蔬菜所需之肥料用量，通常較農作物爲大。每畝蔬菜地若施用廄肥，每年平均約須一百二十擔，若施用化學肥料，每年平均約需二百三十磅。但實際仍視所種之蔬菜及所有土壤之情形而異。有許多蔬菜，每畝能產極豐富之產量。苟增加養料，其產量及品質猶可隨之而增。品質產量之增加，依報酬漸減律，自有一定之限度，但選擇施用肥料得法，此限度亦可永無達到之一日也。

第三圖　蔬菜區秋季施堆肥

第六章　水分

蔬菜地若僅有極肥沃之養料，其產量及品質，必仍難豐美。欲求土壤中養料能爲蔬菜所利用，此養料必須爲溶液狀態。欲養料成爲溶液，土壤中必須含有水分。且植物養料，必須爲稀薄溶液，故水分之用量須特多，然後蔬菜方有發育暢茂之希望。然水分之功用，尙不止此。如輸運植物之養料，補充蒸騰水氣之損失，其最顯著者也。設由根部供給之水分被割斷，則此植物將呈枯萎狀態，若缺水過久，必至渴竭而死。反之水分供給甚多，則莖葉茂盛而多汁，生長亦迅速。有多種蔬菜，若生長迅速，則上市可較早，獲利必優厚。多汁之蔬菜，其品質亦常較優。且蔬菜之生長迅速者，其所產之根、莖、葉之組織，必較細嫩，生長遲緩者，各部組織必粗糙。是以大多蔬菜之品質，完全視水分供給之充分與否爲轉移也。

水分之來源　在潤溼之區，蔬菜所需之水分，多賴雨水爲供給。但降雨之時節，須在其需要之時期內，且分配須適當，否則蔬菜之生長，仍不免缺乏水分之害。如花椰菜不能結球，萵苣迅速結子，蕪菁之味變苦等，皆由於雨水之分配，未能適當之故。蔬菜之遲熟者，亦因整好之苗床，無雨水以潤溼之，種子難以發芽；移植之蔬菜，若等待雨水，則完全失其效用，倘躭誤過久，縱能下植，亦難以成熟。吾國東南諸省，河渠甚多，蔬菜所需之水分，又多取給於此。乾旱之區，惟有開掘深井以取水，我國西部、北部及美國南部，概不少見。亦有引城市自來水以灌溉蔬菜者。

灌溉方法　蔬菜最簡單之灌溉方法，爲以噴壺或桶杓盛水以行澆灌。此法在小菜園多行之。其次爲地面灌溉法，我國自古廣行之稻田灌溉，卽此法使用之嚆矢。此法又可別之爲二；卽畦上灌水，與畦溝灌水是。畦上灌水，北方廣行之，畦溝灌水，南方多行之。此蓋南北氣候各殊，一用高畦，一用低畦故也。又其次爲地下灌溉法，法在地下安置土管，使爲適度之傾斜，乃自總管引水而入，後流入支管，漸次浸潤其所經過之地。此法在歐美亦尚未廣行，故我國可更無論矣。最新之方法，爲空中灌溉法。乃以長鐵管一條，循欲灌溉之蔬菜地安置之。其上端與貯水器相連。其下以楨架支之，俾便於左右旋轉及人獸之工作。管旁每隔四尺許鑽多數小孔，孔上插入特製銅質之噴射口（Nozzles）。當水管開後，則水分能平勻撒布於蔬菜上。漸將水管之方向轉動之，則全面積皆可灌溉矣。

土壤水分之保存　土壤受雨水或灌溉水後，地面蒸發遺失之水氣，甚爲迅速，必須有方法以保存之。最通行之方法，爲將最上層之土壤，碎之爲細粒，如此地面成一種天然之覆蔽，可使下層土之蒸發作用變爲遲緩。碎土之方法，可使用中耕器。（參閱第六圖。）欲求保存水分最大之效用，當於雨後或灌溉後，立行中耕。至於中耕之深淺，中耕器之種類，當視蔬菜之種類，土壤之性質，及氣候

第四圖 蔬菜園畦溝灌溉法

第五圖 蔬菜園自來水管噴澆灌溉法

之情形而定。乾燥區域較之潤溼區域行深耕宜多。在栽種蔬菜以前，若整地良好，土中又有充分之有機質，每次降雨或灌溉之後地面立行中耕，則蔬菜之生長，必能得水分最大之利益。設早期能使土壤中水分保存得法，則以後雖遇乾旱之季，有時亦能耐受也。

第七章　氣候

蔬菜種類繁多，原產於世界各地，其於氣候之適應亦大有不同。每一種類，皆有其特適之氣候；必須在某項情形，方能發育良好。如在一地欲植許多蔬菜種類，則有些種類之發育常不及其餘種類之優良。然有許多困難，可以人力避免之，如在適宜之時間播種，以迎合適宜之溫度與水分。是播種過早過遲，均必失敗。此所以各種蔬菜，不能不在其發育最適宜之季節播種也。

第六圖　蔬菜園中耕器

蔬菜普通多分爲堅柔二種。此種分類法，乃根據蔬菜類之能耐寒能力。凡堅性之蔬菜，在寒凍未除以前卽可下種，遇熱或旱，則將大受損害。生長之季，必須寒冷，否則其供食部分，難以發達。柔性之蔬菜則反是。此二類又可名之曰寒季蔬菜及熱季蔬菜。然此不過大體上之分類。實際在寒季或熱季之中，各種所需之氣候，又各有等差焉。

寒季蔬菜　寒季蔬菜又可分爲三類：（一）成熟迅速類；此類不能耐夏季之炎熱，必須在炎熱未至前完成其生長。屬於此類者有獨行菜、大頭菜、萵苣、芥菜、豌豆、蘿蔔、蕪菁等。其中獨行菜、萵苣、芥菜等所需之氣候，較其餘各種尤低，故播植此數種蔬菜，不宜在開春以後。有數種在秋季如有適度之水分，亦可栽植，如蕪菁、蘿蔔、萵苣等是。南方各省，則上述各種，皆能於冬季中生長。（二）生長期較長而又不能耐熱之種類；此類有早甘藍、早花椰菜、結球萵苣等。如種植此類蔬菜，宜先在温室或温床中育苗，至適當時期再行移植。與甘藍、花椰菜所需氣候相當者，倘有芹菜，惟其適生之季節爲北方較涼之夏季。甘藍、花椰菜、芹菜如有適當之温度與水分，倘可爲秋季蔬菜。總之此類最需冷溼之氣候，若遇熱旱，則受重害。（三）生長期較長之種類；此類早期需冷溼之氣候，至其生長固定後，雖遇熱旱，亦屬不妨。本類有菾菜、胡蘿蔔、卷心菜、韭、葱、馬鈴薯、美洲防風、婆羅門參及多年生之石刁柏、大黃等播種期宜早。若菾菜、胡蘿蔔、美洲防風等，尤須行移植。

熱季蔬菜　熱季蔬菜可分爲二類：（一）生長迅速類；凡平常季節中，有暖和溫度者，卽足以完成其發育。此類蔬菜，在春季土壤溫暖後，卽可播種。至秋季降霜前卽可成熟。若豇豆、菜豆、甜玉蜀黍、黃瓜、甜瓜、西瓜、番瓜、南瓜等皆屬之。豇豆、甜玉蜀黍等，在低溫度下亦能發芽，故播種期可較早。凡此類皆需較熱之氣候，但過熱或過旱亦屬有害。惟瓜類耐旱之力較強，甚宜於南方之種植。若在北方，有時必須行移植。（二）生長期甚長之種類；此類在溫帶若不於溫床下育苗，則難望其在普通地面成熟。若茄子、辣椒、甘藷、番茄等，皆屬此類。茄子與甘藷，所需溫度較番茄及辣椒爲高。極旱之地，栽植此二種，尤爲適宜。蓋其生長固定後，所需水量卽不多，若溫度則愈高愈妙。

第八章　冷床溫床及溫室

蔬菜在早春欲行移植者，必須先在冷床、溫床，或溫室中行育苗。若欲生產非本季之蔬菜，亦須在冷床、溫床，或溫室中栽培。其在秋季播種而越冬季者，有多種皆賴冷床、溫床，或溫室之補助。茲將三種之構造，分別說明之。

冷床　此爲苗床中之最簡單者，乃不用人工加熱，僅利用玻璃框保護太陽自然之熱而育苗者也。惟在寒天，冷床所能聚太陽之熱實有限，故其爲用亦不廣。只比較温和之區，可利用以栽培冬季蔬菜，播植遲移之種子。在北方則用以增進温床或温室育苗之強盛。若欲再事節省，可以布代玻璃，不過其效力甚細微耳。

温床　温床之原理與冷床同，惟除所聚陽光之熱力外，尚有人工所生之熱力。人工生熱之原料，普通多用馬糞，使於土壤下發酵。亦有以通管引導柴火或煤火生熱者。座宅中裝有熱汽管者，引入温床中生熱，亦極相宜。温床較冷床優良之點，爲在寒冷之季，可播種較早。如在一北方，欲收獲早番茄、辣椒等，非早春在温床中育苗不可。火管生熱，其價值又遠出馬糞之上，蓋其生熱可較多，而管理亦較易也。

第七圖　覆帆布之冷床

温床構設之位，宜面南向陽西北有風障之温暖處，土質以排水佳良富於腐植質帶黑色之壤土或砂壤土爲最宜，蓋黑色者吸熱力強，土地易温也。排水不良之地，温床之構設，多不掘入地中，而於平地上設置之。但此種構造雖簡單，而温熱易於散放，温床之保持非易。故進步之蔬菜園，即遇溼潤之地，亦必掘溝排水，使土地乾燥，而掘入地中以構設低温床。其面積以幅四尺至六尺長十二尺至十八尺爲宜。床孔之深，視生熱材料之分量而異。大約以一尺五寸至二尺爲度。孔底爲保持温度之平均，不可令爲水平。因床之中央部温度最高，漸至外圍，則熱爲四周土壤所吸收者漸多，温度亦漸低，而南側常爲日蔭，温度之低降，較他方更甚，故四周之生熱材料，宜較中央稍多，因之孔底宜如第九圖。

第八圖 最簡單之温床

生熱所用之肥料，宜在三星期前預備。馬糞取得後，宜聚之成緊堆。其中須雜多量之草藁，但不宜過多。當初堆時若過乾燥，宜以水溼之。發酵開始以後，更宜用叉將肥料翻轉。凡硬結之塊，宜擊之使碎，邊上較冷之肥料，宜翻至新堆之中，如此全堆之發酵方可平勻。

生熱肥料既置入温床以後，宜將周圍裝以木框，以遮蔽雨露及保持熱力。木框之大小無定規，西洋普通採用者，幅四尺，長九尺，前方之高七寸，後方高一尺七寸。日本一般通用者，幅四尺，長十二尺，前高八寸，後高一尺五寸，此於管理作業上，均較西式爲便，我國多採用之。木板厚約一寸五分，或較此稍薄亦可。欲其保存稍久，其內面宜塗以白漆。白色能反射光線，則太陽之熱，爲木框吸收者少，於温床不無補益。其外面則宜塗以黑色油。

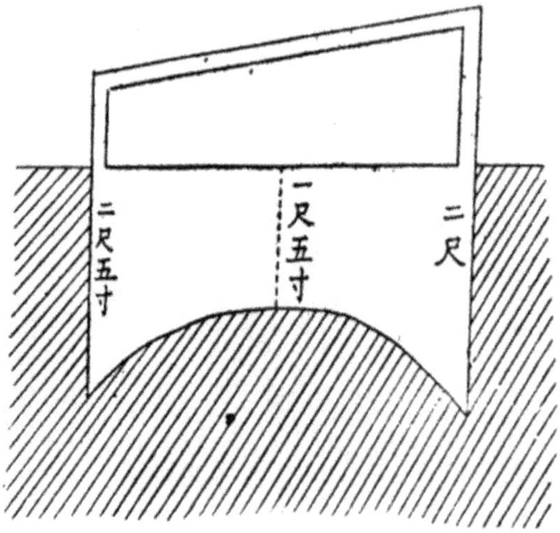

二尺
一尺五寸
二尺五寸

第九圖

一温床上，常用四玻璃窗。窗之周圍框木，幅二寸，厚一寸。其下端之橫框木，較上端之橫框木稍薄而置於玻璃之下。其中間爲支持玻璃計，僅用縱框木一條，幅約一寸，不宜過寬，以免遮斷光線。至嵌入框上之玻璃，其大小亦宜準酌。大則接合之處少而光線易於流通，小則反之。惟大者易於破損，且一部分之破損，須全部更換，而價格亦較小者爲高，於經濟殊不合算。故普通於一窗上，用玻璃八張。其裝入窗框之狀態，正如瓦之蓋屋。其上方玻璃之下端，與下方玻璃之上端，稍相重合，以便雨水之流下。

温室　温室爲最合於理想之蔬菜育苗處。蓋其結構至爲完善，無論在若何寒冷之季候，室中之温度皆可以任意高下之。凡冬季成熟之蔬菜，或將來須移植於冷床各菜圃之幼苗，皆可在温室中栽培。温室較温床或冷床優良之點，除温度較易節制外，在嚴寒之氣候，育苗管理上亦較便。若遇暴風雨，冷床温床之工作，幾完全不可能，而在温室中，則可措置裕如。惟温室之所費，常較冷床

第十圖　高煙囱温室

温床爲多，通氣亦不若冷床溫床之良好。但就全體而言，三者優劣互見，未可以一而掩其餘也。

玻璃下蔬菜之管理　冷床、温床、温室管理上之最要者，爲使温度調勻。温室調勻温度之法，或利用通風器，或關閉熱氣管。當空氣温暖時，將玻璃窗用物障之，亦可收調節溫度之效。温床冷床温度之供給，頗難隨管理人意志爲變更。但欲保留或散放之，亦未嘗不可能。如在寒冷之夜，以蓆、草，或肥料將玻璃窗覆之，則熱力當可保持。日間熱氣過多，又可將窗開啓以散放之。管理上之次要者爲通風。此蓋欲冷床，温床及温室中空氣之流通。蔬菜之生長，每日皆須有新鮮之空氣。如氣候良好，每當日中，應將玻璃窗或通風器開啓數點鐘。温床之通風，較温室尤須留意。因其中空氣之容量，較温室中爲小。設氣候惡劣，玻璃窗不能開啓，每日亦應微開一二次，每次二三分鐘，如此空氣亦可交換。此種換氣法，可使床中易於乾燥，蔬菜不易受溼鬱病。凡通氣不良之蔬菜，必顯瘦弱慘白之狀。管理上第三重要者，爲灌水。灌水之疎勤，以能維持蔬菜適當之生長爲度。灌水時，其用量必須使根部能十分潤透。灌水次數較少，每次用量較多，其效力遠勝灌水次數較勤而每次用量較少者。灌水之次數，當視日光及空氣溼度而定。潮溼陰暗之天，灌水之次數宜少，以免罹溼鬱病。夜間菜葉如有乾燥之趨勢，亦宜注意灌水。床中温度上升時加水，較温度降低時加水之結果常好，故在冬季，宜於上午行灌水。管理上第四重要者，爲鬆土。灌水旣勤，則土壤黏結，故當隨時鬆之。鬆土多用鋤或除草器，每星期至少應鬆一次。惟行撒播或密植者，鬆土工作，不能實行。管理上第五重要者爲移苗。玻璃下栽植之幼苗，當其定植以前，往往須行移苗一二次。如係播於淺木框者，當其幼苗可以拔掘時，卽宜移於花缽中。此蓋與以充分之地位，以便發育強壯。有時種子亦直接播於床土中。如水分供給情形良好，自無若何危險也。

第九章　土地之預備

蔬菜土地之預備，第一在將表土鬆碎。其深度視土地及所植蔬菜之性質爲轉移，大約由三寸至七八寸。鬆土之方法，主要爲耕地。但在耕地以前，若用圓碟耙耙之，尤爲有利，蓋如此畦溝底之土，亦得碎平也。

秋耕之利益　早春栽培蔬菜之地，必須於前年秋季耕之。如此可使蔬菜在春季早爲播植。因秋耕之地，常較未耕者易於乾燥，且在可耕情形內，無失時之弊。早春成熟速之蔬菜類，播植之適宜時期極短。秋季耕地施肥良好者，常能於此短期內，及時播植。否則必受霪雨之影響，土面過於潮溼，每每延遲二三星期。因許多早熟蔬菜，皆須早播，故秋耕實爲必要。

在秋季如已將土地預備良好，早春播植時可無須若何特別工作。只須施放充分之腐植質以供蔬菜生長之用。若行之得法，則在蔬菜播植時，土面之乾溼，必甚適度，土塊亦鬆碎完全，以後用碟耙及平土板整地作苗床，蔬菜即可播植矣。

耕地適期之決定　在春季如欲察土地達耕地適期與否，可撮一握土壤在手中團之成球，手指去後，仍不鬆散，但再以手指輕微搓揉之，仍能鬆碎而不黏結者，此即達可耕之適期矣。

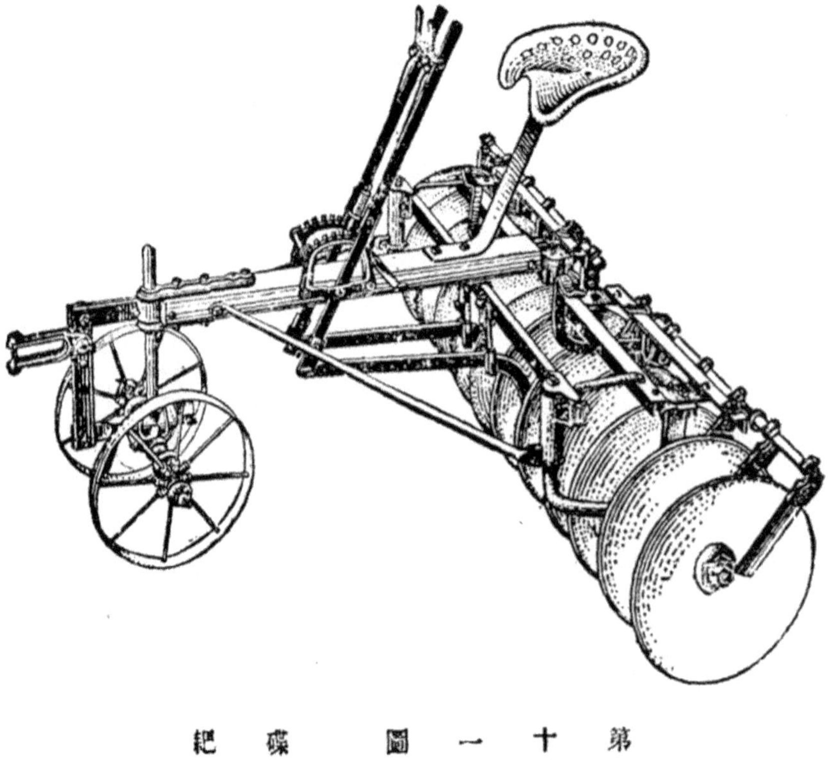

第十一圖　碟耙

休閒地面之管理　晚熟之蔬菜，其土地在春季休閑時，雖有甚多之水分，亦宜善爲耕之。且耕後須隨之以耙，如此土面可鬆碎而不至硬結，下層土壤之水分，可得一層覆蓋而不至遺失。以後每間若干時，亦須行中耕一次，雨後亦然。於是土地在播植蔬菜以前，皆可保持良好之情形。宜於此項工作之農具，有耙、平土板、中耕器等。較小之地面，不適用此項農具

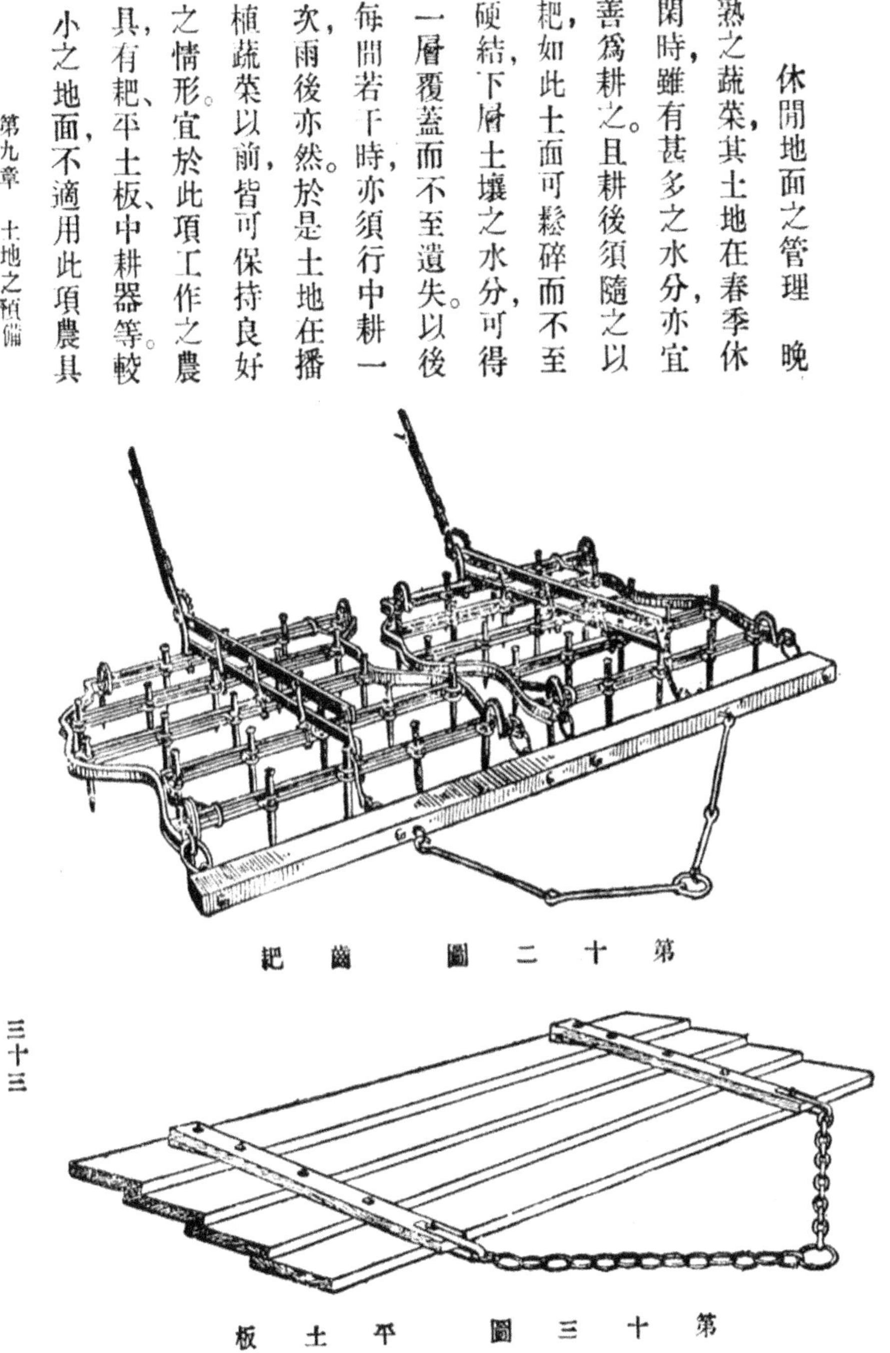

第十二圖　齒耙

第十三圖　平土板

者，用手鋤亦可，總之以不背上述原理爲準。如遇雜草，亦宜及時鏟除。

溫室花缽木框等處播種土壤之預備　溫室、花缽、木框之土壤，預備播種者，須以篩篩之，以便其土粒粗細一致。除土壤中已含有多量之砂土者外，通常皆須加入細砂，此蓋欲使土壤經多次灌水亦不至硬結，且使土壤排水情形良好，不至發生溼鬱病也。欲使幼苗生育強盛，更須多施腐熟肥料。但此最易引起溼鬱病，故種菜之人，於溫室、花缽、木框等苗床，多不行施肥，惟在定植地第一次間苗時施之。溫室土壤最適宜於育苗者，其公式如下：即園土或腐熟之草根泥四分，腐熟之細肥料二分，細砂一分。以上數者，須先以篩篩之，然後用鏟混合。倘過於乾燥，在混合時，宜常加以水，使其堅軟情形，達適度爲止。篩土之篩，其篩孔之大小，視土壤情形及所欲栽植之蔬菜而異。合於普通應用者，肥料篩孔爲四之三吋，壤土篩孔爲半吋，砂土篩孔爲四分之一吋。但欲求合於較小種子之應用，則三者之篩孔多爲四分之一吋或八分之一吋。土壤倘能如此良好食備，則幼苗之根當易伸達各部。如是少量之土壤，可以供給多量植物之生活矣。

第十章　播種

播種以後，如欲種子及時發芽，有數種良好情形，必須備具。但首要者，仍爲種子之生活力，即必需具有強健之發芽力也。否則縱有極優之環境情形，亦屬徒然。關於種子生活力一問題，已於第四章詳細討論。其他與種子發芽極有關係之事項，則爲水分、空氣、與溫度三者。

水分爲種子所必需，蓋因發芽之第一步，即水分之吸收。苟無水分，縱他種發芽之要素備具，種子亦必保持其靜止狀態。如平常播種於乾燥之土壤，每每不能立刻發芽，須待數星期降雨後，方始活動。是以欲求種子必能發芽，當有充分水量之供給，以與種子直接接觸。故播種須擇細匀潮溼而緊密之土壤，種子周圍乃得與土粒密接，水分可因毛細管作用而爲種子所吸收。且水分之供給，須連續而不間斷。在田間播種者，如播植較深，播時又曾供給充分之水分，則發芽未完全以前，土面雖過乾燥，亦無妨害。但爲安全起見，土面應常鬆之，以保持下層之水分。如此種子可保發芽，幼苗亦可得多量之溼氣。

如播植小種子時，表土甚爲乾燥，而下層潮溼者，亦可因毛細管作用而使種子發芽。但乾燥層愈深，播種愈淺，則種子覓得水分，愈爲困難，種子之發芽，亦必大受影響。最可靠之方法，爲播種於潮溼之土壤。若在溫室或溫床中播種，人工灌水較易，可不虞水分之缺乏。

種子之發芽，亦需多量之空氣。大雨之後，土壤中空隙，每爲水分所佔據，空氣卽不流通，故又須用人工以排水。凡土壤之天然或人工排水優良者，必使種子發芽較易。在溫室或花缽播種者，其下常備有小孔，以爲排水之用。

不同之種子所需適宜之發芽溫度各不同。但普通多與各種生長時所需之溫度，無大差異。故耐寒菜類種子發芽所需之溫度，常較好溫菜類爲低。反之，好溫菜類之種子，若植於潮溼寒冷之土壤中，此種子必易腐爛而不發芽。有多種耐寒菜類，可於華氏五六十度發芽。好溫菜類如欲發芽之迅速，則需溫七八十度。在田間播種者，爲適應溫度之需要，故當選擇播種期。若在溫室或溫床中播種，則可以人工節制之。

播種之深度　播種過淺，不易得充分之水分，過深幼苗又不易伸出地面，故過淺過深均不適宜。決定播種深度，視種子、土壤、及季節而異。（一）種子之大小及構造與其伸出地面之能力極有關係，通常大粒種子，可較細粒種子播種爲深。（二）土壤之情形，亦影響播種之深度。通常砂土宜較黏土播種爲深。蓋在求充分水分之供給。反之黏土之播種宜較淺，蓋欲求幼苗出土之較易。又苗床如整治完好，播種不妨少淺，因其毛細管作用已足供給充分之水分。若黏土而整治不良之苗床，其土面有時硬結成塊，不能不播植較深以求充分之水分，但幼苗又不易伸出地面，故當善爲整治之。在温室播種，不妨少淺，因其土壤可鬆碎管理較易也。（三）同一種子，在不同之季節播種，其深度亦當不同。在早春時，播種宜較淺，炎夏時，播種宜較深。有時播種深度，可應用一種定律，卽深度應爲種子直徑之四倍。但此僅可行於温室中。若在田間，頗嫌過淺，難以吸收充分水分。通常在潮溼氣候，中性組織土壤，播植小粒種子如萵苣、大葱、蘿蔔、蕪菁、菠薐等，深度宜爲四分至六分。大粒種子如蠶豆、玉蜀黍等，深度可達三寸，一視土壤之水分及當年之氣候而異。

行間之距離　行間距離之廣狹，視兩種因子而定。一爲每科蔬菜在該地面之發育需要若干之地位；二爲管理此項蔬菜所需之地位。關於前項，若不移植，則視成熟時所佔地位之大小。若行移植，則視第一次間苗時所佔地位之大小。關於後項，則視耕作時所用之農具而定。

若在狹長之温室中播種，其耕作可立於兩側行之，故除留立足地外，行間不需若何之距離。若在田間播種，須用鋤或中耕器耕作者，則行間須有充分之距離，以便人與農具之經過。玉蜀黍、西瓜等，需要較寬之距離，蓋求耕作與收穫之便利也。凡蔬菜之佔地面時間極短，而播種地又曾整治良好者，既不需中耕，則宜行撒播。如温室中之播種是。

蔬菜植科之大小，同一種類之各品種，常大有不同。故播種時其行間距離，亦宜有等差。夏蘿蔔較春蘿蔔生葉較多，故行間距離須較大。矮生豌豆播種宜較高生種爲密。早玉蜀黍之行間距離，亦宜較晚生種爲小。又同一品種，土壤與季節不同，植科大小亦有差異。肥沃之土，發育茂盛，需地位較寬，故行間距離宜較寬。有多種蔬菜若行遲播，其發育每不及早播者，若豌豆、卷心菜、萵苣及其他耐寒蔬菜是也。此或因遲播者每爲乾熱氣候，抑制其生長之故。即好温蔬菜如甜瓜等在乾燥氣候，亦有植科較小之趨勢。不過在播種時，頗難預知生長期中氣候之變異，故宜預留較寬之地位。過於擁擠之生長，於蔬菜實無所補益。

株間之距離　一行中各株之距離及一株中播種之粒數，視行間苗與否而定。密植之利益，在土壤情形惡劣，一部種子不良時，所餘優良幼苗可較多。一叢之幼苗，能破碎硬結之土塊，單株之幼苗則不能。故以前多注重先播較多之種子而後行間苗。小面之栽培，亦以密播爲上。但經營蔬菜業栽培面積較廣者，間苗工作，所費甚大，殊不經濟。故多用生活力強之種子而行疏播，以省間苗費用。非遇氣候特變，絕無失敗之虞。

播種法　行條播法者，可用手或蔬菜條播器。若播種量少，則可行手播。手播工作，可分爲四步：

（一）開溝，（二）下種，（三）覆蓋，（四）鎮壓。開溝之法，可用開溝器（如第十四圖）一次可開溝三行或四行，或用小鋤或鋤柄開溝亦可。播種豌豆，開溝宜較深。下種之後，可以鋤覆土。鎮壓之法，可用脚，鋤背或輥軸。若行點播，則以鋤掘穴，下種之後，仍以鋤覆土而鎮壓之。

經營蔬菜園者，在田間播種面積常甚寬，不能不借助於條播器。開溝、下種、覆土、鎮壓等工作，能於一次行之。同時並能劃出第二行之路線。此種機器一部，每人每日能播種五六畝。但土面須先整治良好，土粒須極勻細。蔬菜條播機，通常一次播種一行，然大規模栽培之蔬菜如大葱之類，有一次播種五行者。條播機或用手力或用畜力，亦有用柴油引擎者。

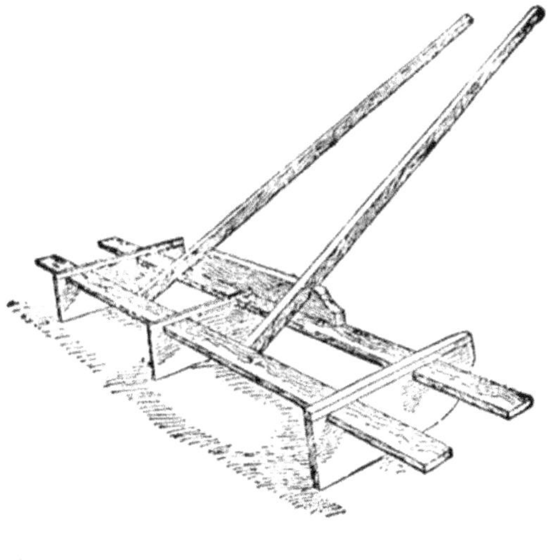

第十四圖　開溝器

第十五圖 條播器（附有第二行開溝器）

第十一章　移植

蔬菜之栽培，如第七章之所述，必須充分之溫度，故有多種蔬菜，非借助於移植，在溫帶必難發育良好。且在北方栽培蔬菜者，若行露天栽培，則須在溫室中行育苗，移植之後，乃能有良好結果。即在一地不需行移植之蔬菜，但欲求其比平常上市爲早，則移植亦所必要。如萊菜、大葱、芫荽等之行移植，其目的卽在此。然蔬菜之行移植與否，當視經濟目的爲依歸。普通移植之蔬菜，多爲產量豐富或成熟甚早者。萊菜、大葱之移植，不必費用過多之時間，因其每株所穫之利，爲量極微。若茄子之移植，則極應仔細，因其利益之優厚，能五六十倍於萊菜也。

蔬菜之需要移植與否，又視其本身之習性而異。有多種經移植後，不須特別注意，卽能發育良好。但有多種移植後，若管理上不加留意，使其各項情形適宜，則必受重大之損害。普通蔬菜有鬚根較多或具緊密之根系者，移植後受傷害可較小。反之僅具數長鬚根或僅一主根者，則移植後受傷較劇。其以主根爲供食部分者，如蕪菁、蘿蔔之類，移植頗難圓滿。若在移植時傷其主根，則成熟時常成畸形。長根萊菜難以移植，卽此一例。

蔬菜幼苗之老嫩，與其移植之成敗，亦有重大之關係。通常嫩幼苗在移植時，其根系受傷損，常較老幼苗爲小。故有多種蔬菜，其幼苗在嫩小時可以移植，老大後則否。且在早期移植者，能促進鬚根系之發達，因此於以後之移植，亦有補助。但自温室或温床移植於露天中，幼苗如過嫩小，頗難抵抗外界氣候之變遷，故移植之幼苗，又以較老大者爲宜。移植上最重要之原理，只有一項，即在移植時或移植後，不受水分缺乏之害是也。

移植之幼苗，須栽培於優適之環境，俾其本質十分健全，根系特別發達。移植時須有適度之年齡，其差異視蔬菜之種類自四週以至

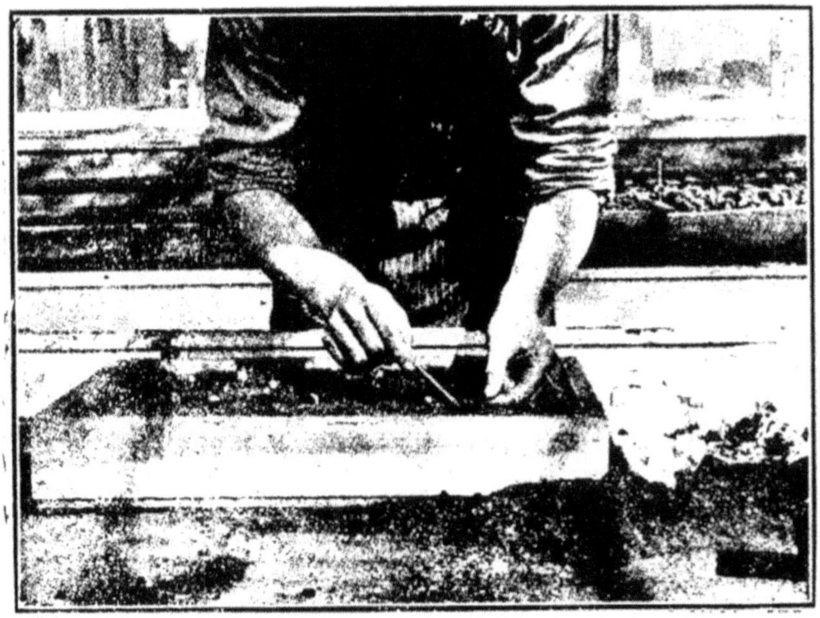

第十六圖　由木框移植幼苗

十二週。育苗於溫室或溫床者，在移植於露天地面以前，須先設法使之堅強。如漸減其水分及溫度，即可達此目的。在此種處理之下，其迅速繁盛之生長，當然抑止，本質自然變強而適於移植矣。

幼苗移植時欲求不受水分缺乏之害，（一）須於掘苗前數小時先灌以水，如是其組織中已先有充分之水分。（二）自苗床掘起後移植以愈早愈妙。（三）幼苗自苗床運至栽培地時，須保其不致枯萎。保護方法（甲）幼苗運搬時，浸其根於水中。（乙）灑水於葉及根。（丙）以籃裝苗而以袋覆之。（丁）將幼苗之根，藏於潮溼之土壤中。

蔬菜移植後，須有充分水分之供給。供給方法凡三：（一）當移植時使潮溼之土壤與根系密接。（二）

第十七圖　恭菜洋葱移植前先將幼苗葉片酌削之狀

防止與根密接之土壤之乾燥。（三）減少幼苗之蒸騰量。欲求與根密接土壤之潮溼，須於未移植前，先使之完全鬆細熟透。在最優良情形，若不及移植，則在相當時間間隔，宜將土面鬆動一次以保持土壤中之水分。如此行之，縱地面乾燥，亦可行移植，因其下面之水分亦足維持也。

蔬菜幼苗之蒸騰水量如超過土壤供給水量，則必至枯萎，爲時過久，必至於死，故欲保持水分，減少蒸騰水量亦爲必要。蒸騰水量之大小，視大氣之溫度與溼度而異。移植時，大氣如較潮溼，則蒸騰作用必較遲緩，故移植多宜於雨前後行之。又移植之苗，若露日光中亦易枯萎，故移植在陰天或下午行之，較爲有利。若摘去葉片數張，亦能使蒸騰量減小，蓋犧牲數葉片，可救全株植物也。

移植方法頗多：最簡單之法，爲以穿孔器在地面鑿孔，植苗其中，然後以手將土壤向其根際緊壓。甘藍、甜菜、芹菜、大葱等之移植，皆可用此法。他如甘藷之類，可以鋤代穿孔器。用一人掘穴，另一人植苗，後以鋤將土向根際

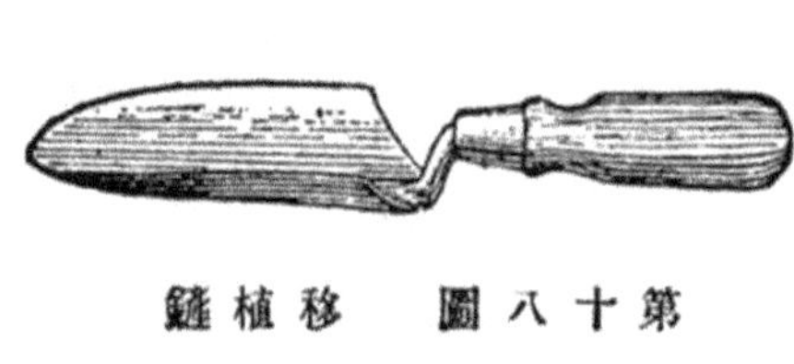

第十八圖　移植鏟

第十九圖　移植穿孔器

鎮壓。若移植較小之幼苗，其根帶有泥土者，可用移植鏟。自花鉢中移植幼苗，用此器尤爲便利。大規模之移植，有用移植機者。

第十二章　栽種制度

近市蔬菜園，地價過高，家庭蔬菜園，地積過小，在同一地面，一季中不能不種兩種以上之蔬菜。卽在地價廉賤之處，在一種蔬菜收穫後，亦必續種他種蔬菜，以免病害雜草等，有繁榮之機會。此間作輪作所以尚焉。

間作　兩種蔬菜在同時或近於同時栽植。一種收穫較早，於是騰出地位，他種可以充分發育。此種栽培法，謂之間作。此法利用土地，最爲精密。且遲收蔬菜，每較爲重要。如蘿蔔與美洲防風，常播於同行。蘿蔔生長較速，對於美洲防風有兩種功用：（一）顯露美洲防風之行間，以便早行中耕，（二）蘿蔔收後之殘根株，可爲美洲防風所利用。又有早收之蔬菜，植於遲收蔬菜之行間者，如蘿蔔之植於豇豆兩行之間，蘿蔔早收而豇豆晚收是。亦有兩種方法同時並用者，如結球萵苣，常植於甘藍之行間及株間。是結球萵苣收割之日，洽爲甘藍需要地位之時。更有栽培面積廣大之蔬菜，常有兩種全期與之共同生長於一地者，如木立花椰菜或石刁柏之行間，栽培小蘿蔔、萵苣等，其著例也。

輪作與連作　蔬菜行輪作制，不特可防免病蟲之害，且可調節土壤中之養分。惟菜園之面積須廣大，且須栽培多種蔬菜或作物。不過其中一部分，不定爲市場所需要，故近市蔬菜園，多有未行精密輪作者。此外蔬菜類中，亦有行連作反能增進其品質者。故蔬菜之行輪作或連作，須視其種類而定。

（一）連作不但無害，且能增進其品質者。蘿蔔、胡蘿蔔、甘藷、葱頭、南瓜。

（二）連作無害者。蕪菁、菾菜、蓮藕、慈姑、石刁柏、甘藍、白菜類、萵苣、水芹、茼蒿、花椰菜、冬瓜、玉蜀黍。

（三）須休栽一年者。薑、葱、薤、菊芋、塘蒿、菠薐、苦瓜、大豆。

（四）須休栽二年者。馬鈴薯、薯芋、胡瓜、蠶豆、花生、豇豆、莧菜。

（五）須休栽三年者。芋、甜瓜、番茄、辣椒、菜豆。

（六）須休栽五年以上者。西瓜、茄子、豌豆。

以上所示休栽年限，非絕對不能更動者，常依土性而大有伸縮。如茄子、豌豆有累年連作不見其害者，是蓋土壤常呈鹽基性之故。又連作之適否，因種類而有不同。如豆科、茄科、葫蘆科之蔬菜，其忌連作，較十字花科、百合科、繖形科之蔬菜爲甚。生長期長及夏季蔬菜，概忌連作。有時同科蔬菜，對於連作，亦須避忌。如犯腐敗病之甘藍地，以蕪菁、蘿蔔、白菜等爲後作，易致該病之重襲。栽馬鈴薯之地，不經四五年而栽植茄子，易受青枯病或立枯病。又如罹赤澀病之葱頭地，不宜即栽葱類。遭腐敗病之胡蘿蔔地，不宜續種塘蒿、旱芹等。故當行適宜之輪作法。爲求土地利用及勞力分配之便利，穀菽類與工藝作物，亦當參酌地方情形，配置於其間，不當專以蔬菜類爲輪作之範圍也。

行輪作制者，一種蔬菜收穫後，即須將地面清除耕耘之，以便適於後作之栽植。如是輪作制中之各蔬菜，必須在一季內，完成其生長。故寒季蔬菜，其栽植宜早。早植蔬菜成熟速者，其後作可爲生長較長需溫暖氣候較多之主要蔬菜。若一種蔬菜至夏中方成熟，則其後作栽植熱季蔬菜，已嫌過遲，惟有栽植秋季蔬菜，較爲適合。

任何早春蔬菜如蘿蔔、萵苣、菠菜、葱、芥菜，可用爲輪作制中之第一季蔬菜。此種蔬菜採收後，即可將土地整理，續栽番茄、辣椒、茄子、甘藷、南瓜、黃瓜、豇豆、菜豆、甜玉蜀黍等。如早春栽植之蔬菜爲甘藍、花椰菜、豌豆、胡蘿蔔、早馬鈴薯等，則採收以後，栽植上述各種熱季蔬菜，已嫌過遲，只有栽植矮生豇豆或早熟甜玉蜀黍。惟早豌豆、菾菜、馬鈴薯收採之後，栽植晚甘藍、花椰菜、蕪菁、大頭菜、根用甘藍、及蘿蔔等時間尙有餘裕。

有時同一地面一年中可種蔬菜三季。每季栽植以前，須先淸除耕耘良好，所選蔬菜種類，須取生育期較短者。第一第三季蔬菜，須能耐霜雪。玆舉三例如下：

(一)菠菜、早甜玉蜀黍、秋蘿蔔。

(二)萵苣、豇豆、秋蕪菁。

(三)葱、黃瓜、秋菠菜。

尙有一種間作與輪作混合之方法。卽第二季蔬菜之栽植，較第一季爲晚，但在其採收以前。如第一季栽植早豌豆，其行間須留隙較寬，以便中耕。在豌豆之中耕將停止時，其行間卽播以甜玉蜀黍，並近豌豆行施以精細耕作。豌豆收穫後，再將行間中耕，如是可撒播蕪菁。

第十三章　促成栽培法

一年中之某季，蔬菜類因露地過冷，不能栽培，然可植於冷床溫床或溫室以供食用者，是爲促成栽培。萵苣、蘿蔔之類，在晚冬或早春如欲栽培，可育於冷床或溫床中。他若花椰菜、芹菜、茄子、黃瓜、及甜瓜等，每先於溫床育苗，而後移植於露地者亦有之。但此非完全之促成栽培，蓋嚴格言之，在露地非栽培之季而設法栽培使之成熟者，方得謂之促成栽培也。

貯藏之蔬菜，亦可於非栽培之季供給市面，但與促成栽培之蔬菜性質完全不同，因促成栽培之蔬菜如萵苣、黃瓜、番茄等，皆不能貯藏者也。且在城市附近促成栽培之蔬菜，品質常能較遠方露地栽培之蔬菜爲優良。因溫室或溫床中之溫度及水分，

第二十圖　促成栽培溫室之內部

皆可節制。除新鮮性質外，且可發育較完好。故同季之蔬菜，促成栽培者，其價值常較高。溫室溫床之構設及釀熱料之費用雖甚多，但移植工作則減少，不無小補也。

一種蔬菜所需之溫度及水分，無論栽培於溫床溫室或露地，大致皆相同。但在溫床或溫室中，溫度甚易節制。最新式之溫室，其中通有許多熱氣管，各管皆有

第二十一圖　溫室中栽培之番茄

活塞，可隨意啓閉，其內適應溫度之需要，較露地之夏季爲尤好。且室中裝有通風器，遇風雨陽光急劇之變化，亦得隨時調節之。故室內蔬菜之生長，常較他種方法爲便易。

溫室中栽培蔬菜，空氣每易過於潮溼。灌水時若不十分仔細，極易遭病菌之害。且在潮溼空氣中，蔬菜之生長，尤多漿汁，更不耐病害。故在雲雨之時，灌水宜稀少，溫度宜使之低降。有數種害蟲在溫室繁殖，常較露地爲速。防治費用亦極可觀。但每間一二週，將室中燻殺一次，甚能免除蟲害。

促成栽培，爲最精密之方法。故選擇蔬菜種類，當取能沽善價者。確有數種蔬菜，其適於溫室栽培，每較他種環境爲良好。甚有育成純粹之促成栽培種系者，其習性與適於露地栽培之種系完全不同。故欲求促成栽培之成功，當選擇適於促成栽培之種系。外國蔬菜種子公司，每於目錄上標明之。

第十四章　軟化栽培法

凡植物生長時，若以物蔽之，使不受陽光，則葉綠素之發育停止，其莖葉遂變爲白色而柔軟。有多種蔬菜，可利用此項特性，而育成細嫩柔軟白色之莖葉，是爲軟化蔬菜。吾人日常所用之蔬菜，須行軟化者，有韭、葱、薑、芹、萵苣、石刁柏等。

軟化栽培法因蔬菜種類而不同。最簡易者，莫如以塵芥、礱糠、砂土等向蔬菜之根際推壅。此爲一般農家最通行之方法，如葱、韭、芹、石刁柏等之軟化栽培法是也。

在歐美各國，軟化蔬菜，多植於窖室中。法於高燥之地，掘地爲溝，東西長約二尺五寸，南北長約一丈，深九尺至一丈。掘時須或前或後，或左或右，以測地質之堅脆。掘畢，室之四隅，留出一尺寬之隙地，中央須設一尺六寸寬之通路。其左右穿闊二尺七寸深二尺之溝，此卽窖室之床底，亦卽軟化之場所也。床成，更須設升降路，宜位於床之南方而向北方開掘。六級或八級均可。床之上面，當架木材，鋪杉木板或竹篦，然後堆土其上，較平地略高。其上更宜栽植芝草，則雨水不至漏入。昇降口之周圍，須設較地面爲高之木框，以便遮油紙及覆藁薦。是因有多種蔬菜如野蜀葵之類，在軟化時，須略通光線，使葉變淡綠色。但軟葉易於焦枯，不宜光線直射，須以油紙遮之。雨天夜間，爲防雨露寒冷，又須以藁薦覆之。

室中床地，宜先投入馬糞木葉，以促釀熱。測其適度，乃植其相宜之蔬菜。通常石刁柏釀熱物深一尺至一尺二寸，温度二十六七度左右，遮斷光線十七八日，得以採收。秋葵之釀熱物其深只須三寸至八寸，温度十五度至十八度，間接與以光線，並時時撒布温湯不使乾燥，則半月之後即可採收。若土當歸之釀熱物，其深須一尺至一尺二寸，温度二十五度至三十度，經過一月，始可採收。尚有一事須注意者，即窖室內培養軟化蔬菜，不限於冬季。如根芋等，雖夏日亦須在室內培養，方能軟化。

窖室中温度，夏季清涼，冬季温暖，此因位於地面下，不易受周圍氣候影響而變遷之故。用以貯藏甘藷、馬鈴薯、根菜、葉菜及新鮮果品等均無不宜。故種蔬菜之農家，必須設備一窖室，非僅為軟化栽培已也。

第十五章 病蟲害防治法

致害蔬菜之昆蟲與病菌，為數甚夥。有多種分佈甚廣，每年流行於許多區域。另有多種，則分佈區域有限，非遇最適宜之環境，難以發達。設任此類病蟲在菜園滋生，則重者必完全受其損害，輕者產量及品質均必低減。故須特別注意，以防病蟲之發生，如是方免重大之損失焉。

輪作制有助於病蟲害之防除，已於前第十二章言之，凡病蟲之寄居於土壤或作物之殘根株越冬者，行輪作制尤有奇效。有多種病蟲，又可以焚燒受病植科或殘根等以防制之。若任其留於田面，或擲之於肥料堆中，則以後仍多侵害之機會。受病之蔬菜，切不可以之飼家畜，因病菌雖隨食物而入糞溺，仍能生活也。蟲害之劇烈者，有時可用不同之播種期以避免。如此害蟲在最繁盛之時期，蔬菜尚未達易受害之程度。如遲播之黃瓜冬瓜較之早播者，不易受甲蟲之害。是晚秋耕地，亦能破壞多種害蟲之潛伏所。

器械防蟲法　上述各種方法，雖屬間接，但於防制病蟲之害，確有功效。惜僅限於少數種類，仍不能不需他種較好方法。有多種器械，於防害蟲，甚爲便利。如甘藍或番茄之幼苗，當移植時，若以硬紙將其莖縛之，則可免切蟲之害。又如西瓜或黃瓜之單株，若以無底之木箱罩之，上覆以玻璃或布，亦可防甲蟲之害。植於冷床或溫床者，其框架上若覆以細網或密蓆，亦可解決防蟲問題。尚有一種器械法，即手捉蟲卵是。如芹菜蛾、瓜蚜蟲、馬鈴薯甲蟲等，皆可以此法施之。

第二十二圖　甘藍幼苗用硬紙圍護以防切蟲

誘蟲作物　於普通蔬菜田中，植此誘蟲作物一行或數行，可於蔬菜未出土時，集大部之害蟲於其上而殲滅之。如黃瓜、西瓜田中，常植南瓜以誘條斑甲蟲是也。

毒餌　種甘藍番茄者，多用此法。法以割斷之新鮮金花菜浸於巴黎綠溶液中，或以巴黎綠及麥芽糖加於麩粕中，而撒佈於欲種蔬菜田地之周圍，有多種施於發芽前數日甚有效果，但亦有須於幼苗生長固定後施之，方可見效。

驅蟲劑　防條斑甲蟲最宜用驅蟲劑。凡物品含一種臭氣爲害蟲所不喜者，皆可用之。最常用之驅蟲劑，有松脂、粗石炭酸等。兩種皆可與灰、塵土及他種細粉相混合，乾噴於植科上。如是害蟲聞氣即

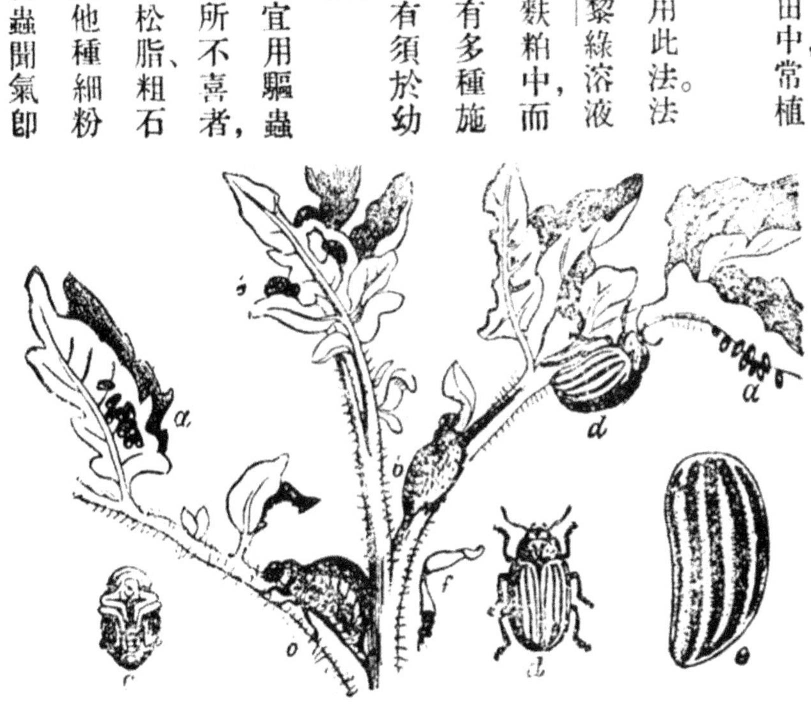

第二十三圖　馬鈴薯甲蟲生活史

(a)卵　(b)幼蟲　(c)蛹　(d)成蟲　(e)成蟲之翅

遠避矣。

病害多有由種子繁衍者，宜於下種前預措之。若馬鈴薯之痂斑病是。普通預措之方法，爲將種塊浸於福爾摩林液（一品脫乾福爾摩林液三十加倫水）約二小時。在播種以前皆宜留意，勿使再與受病之種塊相接觸，如是受病害之機會可較少。

象鼻蟲卵之留於豌豆或蠶豆種子中者，可用二硫化炭殺之。法將種子先置於密封之器中，然後以淺盆貯二硫化炭液，置種子堆上。此液迅速揮發，因其氣體較空氣爲重，故能滲透全體之種子。行此項處理至少須歷七小時之久，方可保證種子中之害蟲完全殺滅。揮發之二硫化炭氣，最易然燒，故行此項處理時，又忌附近置有星火。每一品脫之二硫化炭可燻一千立方呎之地位。欲求最大效果，當豆在收穫時，即宜行防蟲預措。

温室中防治害蟲，多行燻殺法。最普通之藥劑，有煙草及煙油等。以前多以煙葉梗燃燒之，使其濃煙瀰漫於全室中。今則多導煙液入熱管，利用管之熱力，使煙毒氣發散。有多種害蟲用煙毒氣，尚嫌微弱，更須用較毒之物質，如靑酸氣是也。温室中之病菌，亦可用燻殺法。最常用之藥劑爲硫磺。當夏季室中空閒時，宜燃燒多量硫磺以燻之。室中有植物生長，則燃燒之硫磺不宜過多，因於植物亦屬有害。但緩緩燃燒之，則可無妨。

藥劑噴射　以上所述病蟲害之防治方法，皆僅用於特別之情形。若田間廣袤面積之栽培，則多不適用。近代蔬菜園及果園最盛行之方法，卽藥劑噴射。行此方法之先，最須明瞭所欲防治病蟲之習性。大別之可分三種，卽咀嚼口蟲，吮吸口蟲，黴菌是。三種習性既不同，噴射之藥劑自亦有別。咀嚼口蟲如馬鈴薯甲蟲、甘藍蟲、及各種毛蟲等，多嚙食植物之一部而咀嚼之。故最簡單之方法，卽滿佈毒藥於其食料上。使害蟲嚙食時，毒入於體內而毒殺之。毒藥最重要者有鉛砒石粉、綠砒石粉等。施用時其用量以能殺蟲而又不傷害植物爲度。且須噴射於害蟲初發現時而不宜在爲害已盛時。吮吸口蟲，其口如長管狀，常伸入莖葉之組織中而吸其汁液，與咀嚼口蟲之嚙食植物之一部者不同。故撒佈毒物於其食料上之方法，亦不可用。必須噴射一種物質，使觸害蟲之體，卽能毒殺之。如石油乳劑及煙草水之毒殺蚜蟲、紅壁蝨等是也。黴菌之爲害，多寄生於高等植物之組織下。其繁殖多賴胞

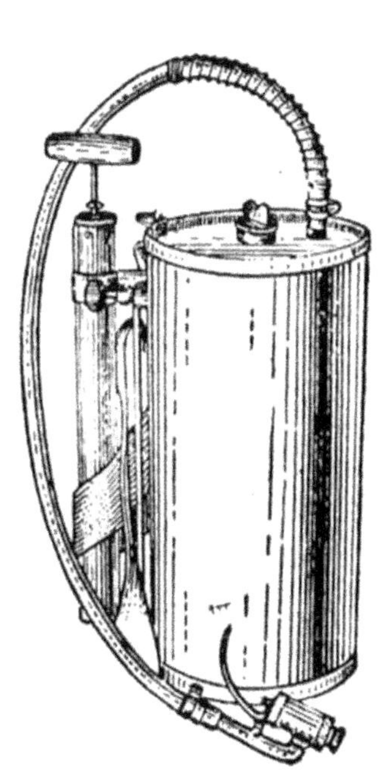

第二十四圖

蔬菜園殺蟲噴藥器

子。若温度溼度得宜，即能發芽，而吸取寄主之養分。防治之法，在噴射毒藥於其上以防胞子之發芽，或在生殖管侵入寄主組織以前，先殺滅之。最適用之藥劑，爲波爾多液。

第十六章　蔬菜之採收及販賣

蔬菜無論供家庭用或運市供販賣，皆宜於適當之成熟度採收，有許多蔬菜，非達一定發育之程度，其品質及產量必均不佳；一過此適當之熟度，則又必因不需要之纖維發達，或內部敗壞，以致不能供食用。有許多蔬菜之理想供食期間，極爲短促（約一日至四日）另有多種蔬菜，此項供食期間則較長（一星期至四星期以上。）因此有多種蔬菜，一屆成熟，須立即採收，其餘多種，稍緩亦無妨礙。須立即採收之蔬菜，有蘿蔔（冬蘿蔔例外）青豌豆、豇豆、菜豆、甜玉蜀黍、黃瓜、番瓜、南瓜、番茄、甜瓜等。葉菜類如萵苣、菠菜、芥菜等，其供食期間，多在幼嫩時，但非充分發育，則產量必減少。故在充分發育時，須立即採收，否則即有傾向結實之趨勢。其採收期間較長者，有蕪菜、胡蘿蔔、大頭菜、大葱、韭、美洲防風等。

採收期　有多種蔬菜，全作可於一次採收，如晚甘藍、芹菜、馬鈴薯、甘藷、成熟大葱，及遲熟之根菜類是也。其採收期多視成熟度爲轉移，但有時須視季候之便利，卽須避免不良温度之變遷。另有多種蔬菜，其採收期較長，但各個體則須立卽採收，如番茄、茄子、黄瓜、番瓜、西瓜等是也。若青豌豆、菜豆、豇豆、甜玉蜀黍等其採收期較短，但全作亦須分數期採收，蓋欲全作皆有適當之熟度也。蘿蔔、蕪菜、胡蘿蔔等，爲求其品質之優良，亦須分數次拔取。早甘藍、花椰菜、結球萵苣亦須分數次割之，因此，諸種蔬菜，決不能在同時達同樣之理想情形也。種菜人最須明白之要點，爲各種蔬菜如何爲已達於可採收之情形，及其時期能維持之久暫，以便在適當時期採收之。不過市場之需要，有時令人不能不犧牲適當採收期；如萵苣、菠菜、甘藍等，尚未達充分發育之程度，而市面價值已高，此則不能不犧牲其適當採收期及產量矣。在此種情形之下，蔬菜之採收期，須由種菜人自己決定。在家庭蔬菜園，普通多犧牲產量，如此供給食用之新鮮蔬菜可較早供給之時間亦較長。

採收後販賣前之注意　蔬菜自株上摘下，或自土壤拔掘後，有多種皆易萎縮，故必須力求其置於冷溼之地位。換言之，卽蔬菜採收後販賣前，不宜露於日光直射及乾風劇烈之空氣中。自採收至供食所經歷之時間愈短，則愈合於需要之品質。蓋多數之蔬菜，皆含大部之水分，其漿嫩與品質極有關係，設組織中之水分蒸失，品質必大爲損壞也。尚有多種蔬菜具有特殊香味。此類香味，大多爲含有特種油質。故蔬菜採收後，油質卽逐漸揮發，品質遂亦減低。故此類蔬菜自園圃採收後，應立入消費者之手以供食也。

販賣前之準備　有數種蔬菜，自園圃採收，卽可出賣，無須特別之處理。確有多種粗糙之蔬菜，無須器物裝置，將其本體放入運貨車，送市卽可。如西瓜、南瓜、甘藍等。是有時馬鈴薯、大頭菜、蘿蔔、大葱等亦然。但大多數之蔬菜，皆須有裝置器，方可攜至市場，或輸至遠地。

包裝器具　販賣蔬菜用之包裝器具，種類繁多，一視所運蔬菜之性質而異，但通常則依地方及市場之習俗爲轉移。通常攜至近市蔬菜所用之包裝器，每比較牢固，蓋欲其能供多次之使用也。且就地出賣蔬菜者，一器可供多種不同蔬菜之應用，如筐籮、木車等是也。

遠市蔬菜園，其蔬菜常輸運於遠方，同一載中，每每蔬菜種類較少。甚有一次裝載，只有一種蔬菜者，故由某地運某種蔬菜，至某特定之市場，其包裝器常有一定之式樣。蓋運蔬菜至大城市，其包裝必適合其地之習慣，方易出賣也。竹籃、筐簍、竹籮、木桶等乃數種蔬菜包裝器，其取用一視蔬菜之種類及運至之市場而異。但最要之原則，爲適於運搬，便於取攜，並須注意其外表之清潔，及體積之輕，使蔬菜性質愈細嫩，易於傷壞者，其包裝器愈宜低淺，如適於成熟番茄之包裝器，其低淺之度只可置放兩層。若馬鈴薯、葱頭等，則置於木桶或麻袋中，亦可無礙。

在熱天運輸青綠蔬菜至遠地者，其包裝器須留充分通氣之地位。如爲竹籠、篾籃，其蓋須編有圓孔；如爲木筐，其蓋須釘木條，條間須留空隙。此類有孔隙之蓋，不特通風便利，且可不揭蓋而能觀察所裝之蔬菜。惟當孔隙之處，須特別留意，以免將蔬菜汚損。運番茄、菜豆、甜瓜、西瓜等蔬菜至遠地，即須用此項通風包裝器。

第二十五圖　蔬菜包裝器

洗滌及束縛　蔬菜無論就地出賣或輸至遠地，在包裝時，大多數皆須不沾汚泥。自土壤拔取或掘取之蔬菜，如根菜類，芹菜，近地面割取之蔬菜，如菠菜、茼蒿、石刁柏等，在運市出賣前，用水洗滌，實爲必要之手續。在泥濘地方採取之番茄、西瓜、黃瓜、茄子，平時雖只用溼布揩拭之，但有時亦須用水洗滌。在砂土所種之根菜類及芹菜，其洗滌常較種於黏土者爲易。

有多種蔬菜，出賣時常縛之爲束。如油菜、芹菜、胡葱、石刁柏、楊花蘿蔔、萵苣筍，及多種根菜是也。根菜類之洗滌，或在束縛前，或在束縛後，但在束縛後洗滌，手續較爲敏捷。束縛之材料，我國多用稻草或蒲草，外國則用蔴繩，布繩或橡皮圈。石刁柏用橡皮圈尤多。

分等　同一種蔬菜或同一次採收之蔬菜，各個之大小、形狀、及成熟度，常大有不同。若此種性狀及品質不同之蔬菜，在束縛或包裝時，不加以分別，則劣者混於優者中，畸形者混於正形者之中，必減低售賣之價值。其實有時不過一二劣者，遂使全體之優者減色。較好者若與更好者混

第二十六圖　蔬菜束縛法

置一處，則因比較之關係，較好者亦必被視爲平常。故各種蔬菜，有顯然大小、形狀、色澤及成熟度之差別者，分等手續最爲重要。差別愈大，分等宜愈多。普通一種蔬菜除廢棄而外，至少須分爲兩等。蔬菜價値如高，或甚稀少，則分等宜多，如溫室栽培之黃瓜有時竟分爲六等。

包裝法　包裝法在販賣上之地位，與包裝器具有同等之重要。蔬菜包裝如不得法，則運至遠地後，必易致腐壞。適當之包裝法：第一，須使蔬菜在包裝器中，保持清冷，如是因運轉所受溫熱之危險，可減至極少。第二，在熱地裝載蔬菜，須能充分通氣。第三，各個蔬菜包裝後，須保持固定之地位，即至市場售賣時，亦未有移動。欲達此目的，可用手將各個蔬菜密密放緊。倘各個蔬菜體積較小，則不妨用較深之包裝器，只面上一層用手安放足矣。如用篾籃裝菜豆、豇豆等，是也。

第二十七圖　蔬菜包裝器中安放法(一)

各個蔬菜在包裝器中安放之方法，亦頗重要。如安放法有組織及條理，則必呈美觀而較易吸引顧主。歐美市場之習慣，對於任何蔬菜包裝時，各部位常有一定之安置方法。如裝番茄於淺木箱中，各個皆係花痕向上（見第二十七圖）；裝甜瓜於木筐中各瓜之脈絡皆與筐之縱邊平行（見第二十八圖）；如此自蓋隙見之，排列井然有序，實可增加其價值不少。又各地市場，對於包裝法習慣，常有不同，運菜時亦當注意。

販賣法　在第一章中已舉述近市遠市兩種。近市蔬菜之販賣，有由種菜人或小販商挑籃沿街叫賣者；有就街市路旁便利之處，各出其蔬菜，以待消費人之選購者；有於特建之小菜場，租賃一幅地位，安置其蔬菜，以待售出者；有特開之蔬菜店，專售各種新鮮蔬菜者。前二種多見於小城市，後二者常見於大都會。遠市蔬菜之販賣，我國多由居間商人收買，運至遠地後，先售

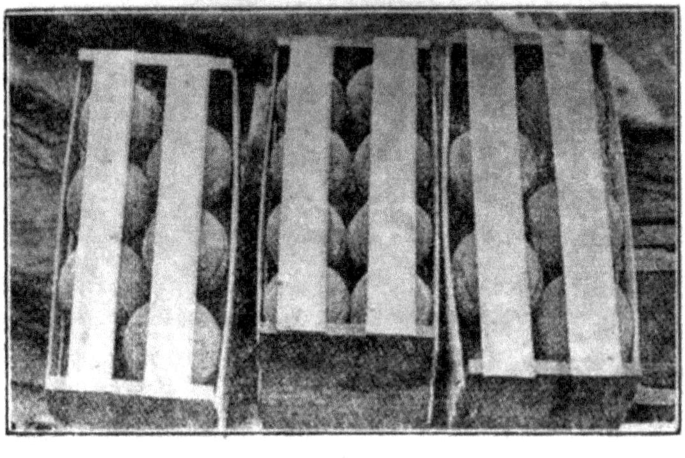

第二十八圖　蔬菜包裝器中之安放法(二)

與蔬菜行；再由蔬菜行轉售與小販或蔬菜店；然後由小販或蔬菜店售與消費者，轉折之手續既多，種菜人所餘之利益必無幾。故今日蔬菜業上重要之問題，爲如何可以減少中間人之漁利，而增種菜人之收入。在歐美大城市，常有蔬菜代理店，受遠地種菜人之委託，販賣一切菜類。所有賣菜之貨價，概返之種菜人，代理店不過酌取佣金。此種代理店報告之貨價，是否眞確，完全視其商業道德以爲斷。種菜人亦惟有用試行交易之辦法，擇其最可靠者而委託之。各種菜人雖各有其代理店，但運輸時則可用同一之舟車。舟車之管理，則由同業公會主持之。有時各種蔬菜之分等及包裝，亦由同業公會所設立之公共包裝室辦理。有時則由種菜人依照公會議定之標準，自行分等或包裝，在運轉前，由公會派人加以檢驗。惟無論用何種方法分等及包裝，其運輸概由公會管理。如此則所運之蔬菜，等級整齊，極能引起躉賣商或普通販菜人之注意。行此法者，一切販賣責任，概係於公會幹事，因其判斷力之優劣，與全會會員營業之成敗，至有關係也。

第十七章　蔬菜之貯藏

在北方寒冷之地，冬季蔬菜種類稀少。若爲大城鎮，尚可由南方輸運，或行温室温床栽培，以得新鮮之蔬菜；若爲小村市，則非在出產之季，加以適當之儲藏，必感鮮蔬之缺乏。且各種蔬菜之出產，略有定期，如同時出產過多，市面充斥，販賣必難得善價；若加以適當之貯藏，則此弊可免。尙有數種蔬菜，能因貯藏而增進風味，如甘藷貯藏後之增甘味，窖藏山東白菜之柔軟甘美，其著例也。他若甘藍、葱頭、馬鈴薯等，亦極耐貯藏。若家庭蔬菜園，須四時不斷有新鮮蔬菜供食用者，則適當之貯藏，尤爲必要。

貯藏蔬菜之栽植期　蔬菜類欲貯藏爲冬季用者，其栽植期之選擇，須

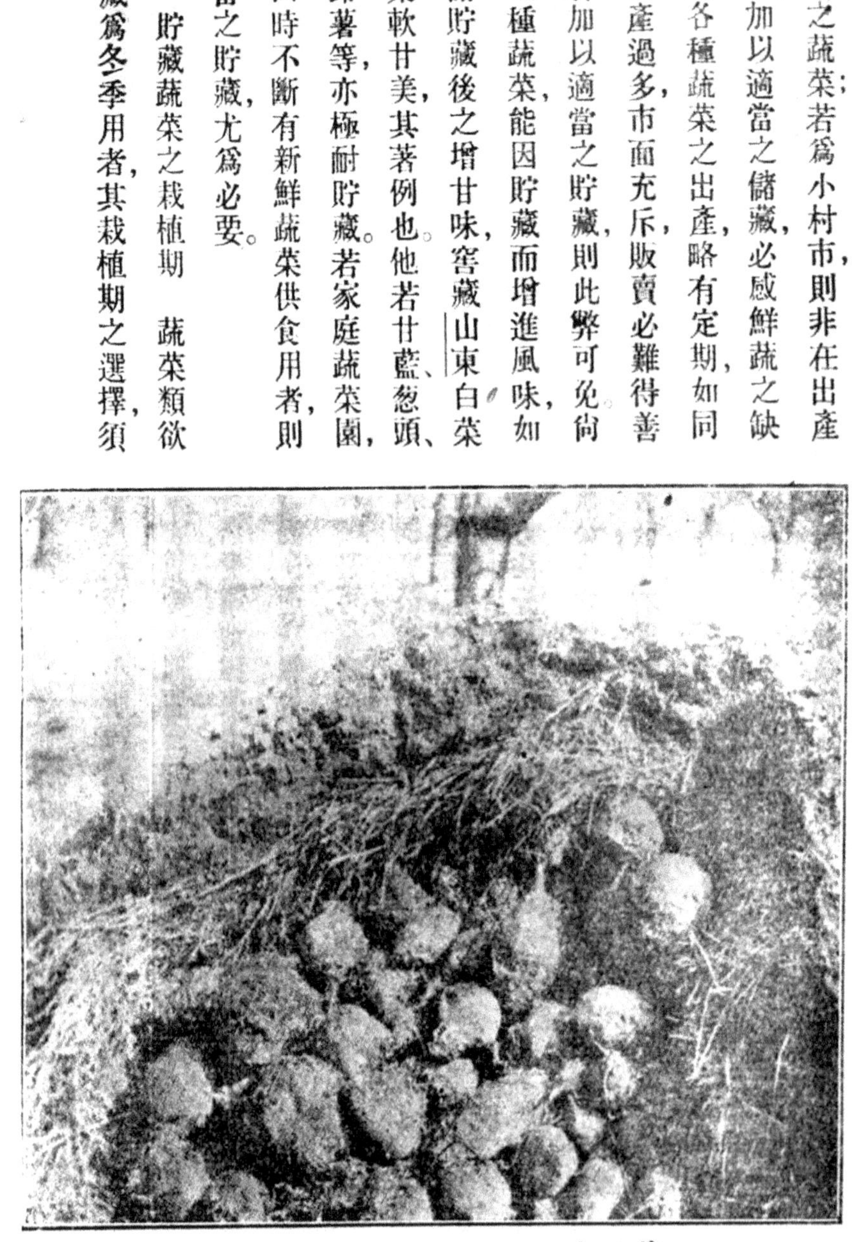

第二十九圖　在戶外之菘菜地窖

使於貯藏時供用部份適達充分發育程度。概言之，貯藏用蔬菜之栽植期，須較夏季用蔬菜之栽植期爲遲。蓋蔬菜一達充分發育程度，須不再進行生長，而又適在貯藏期前者，其品質方可良好也。又蔬菜貯藏愈遲，其保持力愈久。故種菜人採收蔬菜，只須不受冬寒之傷損，以愈遲愈佳。若根菜類栽植過早，則未至貯藏期，每每變爲粗糙或空髓；甘藍栽植過早，則未至貯藏期，葉球即開裂；皆屬不利也。

影響蔬菜貯藏之要件　貯藏蔬菜，各種所需要之情形，常不相同。故欲於一貯藏室中，貯藏各種之蔬菜，結果必至失敗。如貯藏根菜類，欲其不萎縮、

第三十圖　芹菜貯木箱中備置放於冬季地窖

腐爛，或發芽增長，則室內必須寒冷、潮溼，並不與流轉之空氣接觸。甘藍貯藏室之情形，與此相同。若葱頭之貯藏，固亦須低溫度，但空氣則須乾燥而流通。若置於高溫潮溼之貯藏室中，必至腐爛而發芽。他若須於貯藏室繼續生長之蔬菜，如芹菜、旱芹、韭菜、抱子甘藍等，則須植其根於泥土中，盡量使其潮溼，流動之空氣，不宜與其葉端接觸。溫度宜使之降低。至於甘藷、南瓜、番瓜等貯藏時所需之情形，完全與上述者相反，卽須高溫與乾燥及流動之空氣是也。

欲貯藏時之情形，適於各種不同之蔬菜，貯藏之方法，常然須有差異。專門種菜爲業之人，常於室外設地坑或特別地窖以貯藏根菜、甘藍、芹菜等。甘藷、南瓜之貯藏，多用特建之貯藏室，其溫度可以節制者。外國菜販貯藏葱頭，常裝於篾籃中，排列成行，置於不受風霜之室內，如是其溫度適可保存在冰點之上。貯藏室溫度節制之法，可用人工生熱。流通空氣之法，普通於地板下水門泥床地周圍之壁，切門而作格子窗，使得自由開閉；而地板之四隅，設三四尺方之格子板，以便與地板下四壁之窗聯絡。如是室內空氣可得流

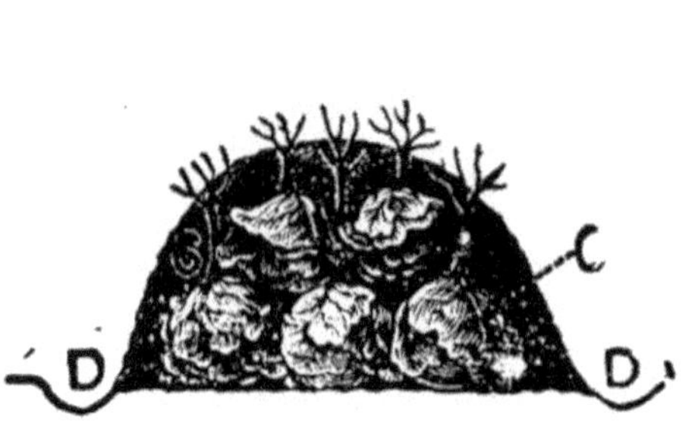

第三十一圖

甘藍冬季在地窖中安放法

第三十二圖　馬鈴薯貯藏室

第三十三圖　甘藷儲藏窖

通矣。

貯藏室　貯藏室修造法有種種。寒地在室外貯藏馬鈴薯、芹菜、甘藍及一切根菜類之地窖，其一部常設於地下，其上支以木料而蓋以泥土。（參閱第三十二圖。）泥土上通常植以雜草，所以防雨水之沖刷也。貯藏甘藷、葱頭、南瓜等之貯藏室（參閱第三十三圖。）通常完全建於地面上，其牆壁須爲不良導熱體，以防外界溫度變遷之影響。地面貯藏室，較之地窖其空氣常乾燥，故其效用不同。牆壁欲成不良導熱體，可將牆壁用木條隔爲多數之夾層，每層以紙墊之；或將牆壁內外二層，俱用薄板圍繞，內外板之間，留一尺許之空隙，而充塞以鋸木灰、粃糠等不良導熱物質，其內外再用紙或土塗之。如是貯藏室可完全不受外界溫度變遷之影響矣。

第十八章　蔬菜之分類

蔬菜之分類，東西學者因根據不同，頗有差異。大別之，可爲以下五種不同之方法：（一）以植物自然分類爲基礎；（二）以植物形態及性質爲基礎；（三）以氣候之適應力爲基礎；（四）以氣候及栽培需要爲基礎；（五）以需要部分爲基礎。茲分述各種分類法之大要如下：

以植物自然分類爲分類基礎者

第一　胞子植物　蕈　蕨

第二　種子植物

(一)單子葉植物

(子)澤瀉科　慈姑

(丑)禾本科　筍　玉蜀黍　茭白

(寅)天南星科　芋

(卯)莎草科　荸薺

(辰)百合科　石刁柏　百合　葱　葱頭　大蒜　薤　分葱　絲葱

(巳)薯蕷科　薯蕷

(午)蘘荷科　薑

(二)雙子葉植物

(甲)離瓣花區

(子)莧科　莧菜

(丑)蓼科　大黄菜　蓼　酸模

(寅)睡蓮科　藕　蓴

(卯)十字花科　蘿蔔　蕪菁　花椰菜　甘藍　球莖甘藍　白菜　芥菜　山葵

山蔊菜　滾菜　抱子甘藍　根用甘藍

(辰)藜科　菾菜　菠菜

(巳)薔薇科　草莓

(午)豆科　菜豆　豌豆　蠶豆　豇豆　大豆　藊豆　落花生

(未)五加科　土當歸

(申)繖形科　胡蘿蔔　美洲防風　塘蒿　水芹　旱芹　野蜀葵

(酉)芰科　菱

(乙)合瓣花區

(子)旋花科　甘藷　蕹菜

(丑)唇形科　甘露兒

(寅)茄科　馬鈴薯　茄子　番茄　辣椒

(卯)敗醬科　野苣

(辰)胡盧科　胡瓜　南瓜　甜瓜　西瓜　越瓜　冬瓜　扁蒲　苦瓜

(巳)菊科　菊芋　萵苣　茼蒿　苦苣　婆羅門參　蒲公英　朝鮮薊

以植物之形態及性質爲分類基礎者

第一　一年生蔬菜

(一)地下菜類

(甲)根菜類　菾菜　胡蘿蔔　美洲防風　蘿蔔　菊牛蒡　婆羅門參　甘藷　蕪菁

山萮菜　根用甘藍

(乙)塊莖類　馬鈴薯　芋　菊芋

(丙)鱗莖類　葱頭　韭葱　大蒜　分葱

(二)莖葉菜類

(甲)甘藍類　甘藍　花椰菜　羽衣甘藍　抱子甘藍　球莖甘藍

(乙)熟食菜類　菠菜　芥菜　茼蒿　蒲公英

(丙)生食菜類　萵苣　苦苣　芹菜　旱芹

(三)果實菜類

(甲)莢果類　菜豆　豇豆　豌豆　蠶豆

(乙)茄果類　番茄　茄子　辣椒　酸漿

(丙)蓏果類　甜瓜　西瓜　胡瓜　黃瓜　絲瓜　東瓜　南瓜　苦瓜

(丁)雜果類　玉蜀黍　草莓

第二　多年生蔬菜

石刁柏　大黃菜　朝鮮薊　酸模　濱菜

以氣候之適應力爲分類基礎者

第一　好溫菜類

甘藷　芋　薑　瓜類　茄子　番茄　菜豆　大豆　薯類　玉蜀黍等

第二　耐寒菜類

(一)耐寒力最強者

蘿蔔　蕪菁　大芥菜　美洲防風　土當歸　甘藍　菊花腦及其他宿根類（葉雖易被害而其地下莖之抵抗力甚強）

(二)耐寒力稍弱者

菠菜　葱頭　葱　馬鈴薯　胡蘿蔔　萵苣　芹菜　豌豆　蠶豆　草莓

以氣候及栽培需要爲分類基礎者

第一　寒季蔬菜

(一)成熟速者

(甲)春季生食菜類　萵苣　獨行菜　野苣

(乙)春季青菜類　菠菜　芥菜　瓢兒菜　雪裏蕻

(丙)短期根菜類　蘿蔔　蕪菁　根用甘藍

(丁)豆莢類　豌豆　蠶豆

(二)須移植者

(甲)在炎夏前成熟之春季菜類

結球萵苣　立萵苣　萵苣筍　早花椰菜　早甘藍

(乙)秋季寒期生長之蔬菜

黄芽菜　晚甘藍　晚花椰菜　抱子甘藍　木立花椰菜　芹　根塘蒿

(三)能耐夏季炎熱之寒季蔬菜

(甲)能耐夏季炎熱而不能耐冬季冰凍之菜

菾菜　胡蘿蔔

(乙)能耐夏季炎熱及冬季冰凍之菜

美洲防風　婆羅門參　山萮菜

(丙)能耐炎熱之青菜類

白菾菜　羽衣甘藍　蒲公英

(丁)能耐炎熱之生食菜類

旱芹　苦苣　旱獨行菜

（戊）葱類

葱　葱頭　韭葱　韭　薤　大蒜

（己）地下莖類

馬鈴薯　芋　菊芋　薑　百合

（庚）多年生類

筍　石刁柏　山藥　大黄菜　朝鮮薊　濱菜

（辛）水生菜類

藕　慈姑　荸薺　茭白

第二　熱季菜類

（一）普通不須行移植者

（甲）豆莢類

豇豆　菜豆　刀豆

（乙）玉蜀黍

甜味玉蜀黍　爆花玉蜀黍

(丙)靑菜類　蕹菜　莧菜　小白菜

(丁)瓜類　甜瓜　西瓜　黃瓜　胡瓜　瓠瓜　南瓜　冬瓜　苦瓜

(二)須行移植者

番茄　茄子　辣椒　甘藷

以需要部分爲分類基礎者

第一　根菜類

(一)短期寒季根菜　蘿蔔　蕪菁　根用甘藍

(二)能耐炎熱之寒季根菜　胡蘿蔔　菾菜　芑菜　美洲防風　婆羅門參　薯蕷　山薪菜

(三)熱季根菜　甘藷　根塘蒿

第二　莖菜類

(一)球莖類　慈姑　荸薺　甘露兒

(二)塊莖類　馬鈴薯　菊芋　芋

(三)根莖類　藕　蕈

(四)鱗莖類　葱頭　百合　薤　大蒜

(五)地上莖　石刁柏　土當歸　筍　萵苣筍　茭白　莧菜莖　濱菜　球莖甘藍

第三　葉菜類

(一)甘藍類　甘藍　羽衣甘藍　抱子甘藍

(二)熟食類　白菜　雪裏蕻　芥菜　大芥菜　菠菜　大黃菜　茼蒿　白菾菜　莧菜

蕹菜　菾菜

(三)生食類　萵苣　結球萵苣　苦苣　野苣　獨行菜　蒲公英

(四)香辛類　葉葱　絲葱　韭葱　分葱　葱韭　野蜀葵　芹　旱芹　芫荽　紫蘇

第四　花菜類

花椰菜　木立花椰菜　朝鮮薊　紫菜苔

第五　果菜類

(一)蓏果類　胡瓜　越瓜　甜瓜　西瓜　南瓜　冬瓜　扁蒲　絲瓜　苦瓜

(二)茄果類　茄子　番茄　辣椒

(三)莢果類　菜豆　藊豆　豌豆　蠶豆　大豆　豇豆　刀豆　落花生

(四)雜果類　玉蜀黍　草莓　菱

以上數種分類方法，各有短長。以自然分類爲分類基礎者，便於輪作之參考。以氣候爲分類基礎者，便於適應各地之氣候。以需用部分爲分類基礎者，便於研究上之檢察。本書爲教授上之便利，取以需用部分爲基礎之分類法。

下卷 各論

第一編 根菜類

根菜(Root crops)一語，在西洋概指生於地下而肥嫩多肉之供食部分，初不問其究爲根抑爲莖也。如蘿蔔、蕪菁、菾菜、甘藷、馬鈴薯、慈姑、藕、薑等，西洋人概謂之爲根菜。其實馬鈴薯、慈姑、藕、薑等在植物學上，乃一種地下莖，其性質形態，與眞正之根，迥然不同，殊不宜與蘿蔔、蕪菁、菾菜、甘藷等相混。故本書列蘿蔔、蕪菁等眞正之根爲根菜類；地下莖如馬鈴薯、慈姑等爲莖菜類。

根菜類因生長季節之不同，可別爲寒季根菜，能耐炎熱之寒季根菜及熱季根菜三類。

(一)寒季根菜　蘿蔔　蕪菁　根用甘藍

(二)能耐炎熱之寒季根菜　胡蘿蔔　菾菜　芭菜　美洲防風　婆羅門參　薯蕷　山葵菜

（三）熱季根菜　甘藷　根塘蒿

根菜類之通性：第一須土質輕鬆而少石礫；否則根部每多分歧而呈畸形。第二須土質肥美；瘠薄之地，根部常發育遲緩，肉質硬而少甘味。第三須排水良好；過溼根部甚易腐敗。然適度之溼氣，亦爲生育上所不可少。其餘如深耕精細整地，及氮素肥料，亦發育上所必要。

第一章　蘿蔔

學名 Raphanus sativus

英名 Radish

產地　蘿蔔之原產地，學者之說不一；或謂在高加索之南方，或謂在西部亞西亞，而林尼阿氏則謂在中國。此說或尚可信，蓋蘿蔔之品種最多，栽培最古最盛者，當莫如我國也。今則世界各國，無不產之矣。

用途　蘿蔔之用途甚多，其根可煮、可醃、可醬、可乾、可與飯共炊，而北方水蘿蔔之生啖者尤盛。在生長初期其葉柔軟，間拔之苗，可醃食或煮食之。生長而後，其葉在儉樸之家，亦有食用之者。此外醫藥上之效能亦不少。

品種　蘿蔔品種極多，可大別爲秋冬蘿蔔、夏蘿蔔、春蘿蔔及四季蘿蔔四者。

風土　蘿蔔雖有春蘿蔔、夏蘿蔔、秋冬蘿蔔及四季蘿蔔之別，但皆爲寒季蔬菜。惟有能耐熱者有不能耐熱者。夏蘿蔔多於春季下種，而於中平之夏温下發育良好。其性忌乾燥、畏病蟲，故在温帶地方尤不喜夏季而好冷涼之秋冬期。濕潤得宜可得豐產，但過濕易犯腐爛病。如雨水過多，根驟得多量水分，其生長內外不均，常致破裂。旱年多犯蚜蟲，且往往有苦味。土質以輕鬆而深之土，如砂質壤土、壤質砂土、腐植質砂壤土等爲最宜。如表土太淺，心土堅硬，或在黏重之地，土塊多時，往往生歧根或彎曲。且黏土含水力強，降雨頻繁時，常有根部破裂與腐敗之患。但過度之鬆土；因乾燥過甚，品質硬化，光澤惡劣，甘味少，生苦味與辛味，而於旱魃亘續時，爲尤甚。

第三十四圖　早熟春蘿蔔

輪作法　蘿蔔可連作。連作時外皮滑澤而味美，但害蟲多或犯腐敗病之地，當避之。可為蘿蔔前作或後作之作物甚多，其種類因播種之季節而異。春蘿蔔之前作有葱、甘藍、萵苣、甘藷等。後作有甘藍、萵苣、葱頭、早胡蘿蔔、芋、黃瓜類、豆類、玉蜀黍等。夏蘿蔔之早播者：其前作與春蘿蔔相同。晚播者：其前作有萵苣、茼蒿、豌豆、蠶豆等。後作有胡蘿蔔、蕪菁、菠薐、萵苣等。秋冬蘿蔔之前作有麥類、玉蜀黍、胡麻、大麻、馬鈴薯、早芋、葱頭、甘藍、菜豆、豇豆、茄類、瓜類等。後作有甘藍、芥菜、茼蒿、葱頭、豆、麥類等。四季蘿蔔之前後作無一定。

整地　大形蘿蔔栽培之際，務行深耕。整地須不厭精細。如整地不良，則根於生育中，遭遇障礙物，往往分歧而損外觀。耕鋤畢即宜造畦。畦有平畦、高畦之分，而在濕潤之地或多雨之區，概宜於高畦。否則以平畦為宜。畦幅依品種之大小生育之良否而不一。普通大形種畦幅三尺至二尺五寸，株間二尺至一尺五寸。中形種畦幅二尺，株間一尺二寸至一尺五寸。小形種畦幅一尺五寸，株間四寸至六寸。

播種量　播種量春蘿蔔、夏蘿蔔、秋冬蘿蔔之點播者，一穴五六粒，一畝地須四合；條播則需一升二合乃至一升五合；四季蘿蔔行條播或撒播時，一畝需二升乃至三升餘。撒播過厚，葉盛而根不大，欲間拔之，又須勞力甚多，故須審度適量而播之。而於春播時，尤宜節省播種量。

播種期　春蘿蔔第一次播種，宜在早春，以後間十日或兩週再播一次。第一次在四月初播種之地，可繼續播種至五月中旬。再遲則蘿蔔未長至一定大小時，內部即變粗糙而多辣味。在九月內若多雨或人工灌水便利，播植春蘿蔔亦能得良好品質。夏蘿蔔可於五月內播種，至氣候爲春蘿蔔不能忍受時，即可供食用。夏蘿蔔多爲白色，春蘿蔔多爲紅色，或紅色而帶白尖。秋冬蘿蔔北方多於七月下旬播種，中部則在八月上中旬。若與春夏蘿蔔同時播種，全體必甚小而帶辣味。在適宜時間播種者，則肉質脆嫩而香輭。秋冬蘿蔔常較春夏蘿蔔爲大。在秋季結冰前，必須自地面掘起，若保藏良好，其品質可維持三四月。四季蘿蔔宜自三月至九月中旬頃播種。自十一月至次年二月下旬之間，若欲栽培之，須用促成栽培法。

施肥　肥料三成分以氮素爲最要，燐鉀對於蘿蔔亦有相當效益。普通施用之肥料，爲堆肥、人糞尿、大豆粕、油粕、雞糞、過燐酸石灰、草木灰等。就中以人糞尿爲最有效，足使生育良好，根部肥大。至腐植質不論何種之地，俱屬必要。普通多以之爲基肥。然不腐熟之有機肥料，務宜避之。

管理　蘿蔔播種後，如水分充足，三四日即發芽。旱魃之際，往往有需一星期以上者。發芽後，春蘿蔔苟非採收早熟者，不行間苗。冬蘿蔔則必須行之，且須甚早。如此乃可使其有充分發育之地位。間苗之回數有一回者，亦有數回者。無害蟲無雷雨之地本葉三片時，行一回卽可。但普通土地，概行三四回。四季蘿蔔，宜於播種時，預先注意適度播之，不行間苗爲有利。若播之過密，不得已而行之，則條播時株間約一寸五分，撒播時約方一寸乃至一寸五分留一株。間苗畢卽可施肥與中耕，而培土於其根旁。最後間苗時，當自周圍培土於根而以手壓緊之，務使根得以正直伸長。

病蟲害　病害有黑腐敗病、白腐敗病、白銹病、班點病等。蟲害有跳甲蟲、黃條蚤蟲、黑蟲、青蟲、地蠶、蚜蟲等。

收穫　秋冬蘿蔔播種後，達採收期約七八十日乃至百日。春蘿蔔需百五十日。夏蘿蔔需五六十日。四季蘿蔔則依品種及時期需十餘日乃至八九十日。蘿蔔採收失之於早，則收量少色澤惡。失之於晚，則根生空髓，肉質硬化，俱非所宜。收量因品種與栽培法等大有差異。大抵一畝地小形種有四五百斤，中形種二千至二千五百斤，大形種三千至五千斤。

第二章　蕪菁

學名 Brassica rapa

英名 Turnip

產地　蕪菁之原產地，在歐洲北部海岸之砂質地，後由西伯利亞而入中國，再由我國傳至日本。

用途　根可醃漬，亦可煮食，又有切而乾燥貯待不時之需者。葉亦可煮食或醃漬。在歐美諸國作爲家畜飼料者甚多。我國古時嘗有以之爲糧食者。此外醫藥上之價值亦不少。

品種　蕪菁可大別

第三十五圖　蕪菁

爲秋冬蕪菁與四季蕪菁之二類。前者晚夏播種，秋冬得以採收，後者四季隨時播種收穫者也。

風土　蕪菁對於氣候之嗜好，與蘿蔔無大差。土質以適度溼潤之壤土或砂壤土爲最宜，忌黏重多溼之地。過輕鬆之地根雖肥大而味不佳，反之砂質土根雖不肥大而味則佳良。

輪作法　連作無妨，然於病蟲害多之地宜避之。若能每隔二三年栽培一次，生育最佳。前作以瓜類，菜豆、馬鈴薯、早芋、早甘藷、甘藍、大麻等爲最宜。後作以茼蒿、豌豆、大麥、小麥、蕓薹等爲最適。四季蕪菁之前作無一定。後作依其收穫時期而各有不同。

整地　宜精細爲之。根長大之品種，宜行深耕，至圓形之短根種，可不深耕。畦幅依品種而異。大形種普通二尺乃至二尺五寸，中形種或土地之瘠薄者一尺七八寸已足。株間大形種一尺乃至一尺二寸，中形種六七寸可也。四季種則作幅三四尺之畦，其條播之條間六寸，後間拔之，使株間爲三四寸。

播種量　播種量秋蕪菁點播一畝約四合，條播約六合；四季蕪菁需七合乃至一升。

播種期　四季蕪菁在氣候不甚寒冷之處，除十一月至三月而外，可隨時播種。暖地積雪少者，則設風障，自二月起，即可播種。秋蕪菁之播種期在北方寒地以七月下旬乃至八月中旬爲宜。江浙宜八月中旬乃至下旬。至南方暖地九月中下旬播之可也。

播種法　大形種點播，中形及小形品種以條播爲便。點播亦如蘿蔔，每株播六七粒，二三分厚覆土。條播者作畦後，施液肥而播種，或播種後於其上薄施基肥，再覆以極薄之土。四季蕪菁之播種法，與四季蘿蔔相同。

肥料　肥料三成分之關係，與蘿蔔無大差。鉀成分與收量無大關係，氫素燐酸成分多時，足以增加收量。肥料之種類與分量及施肥上之注意，概參照蘿蔔行之可也。

管理　蕪菁發芽後，須行間苗。有一回完了者，亦有分數回行之者。一回完了者，於本葉三片時行之，二回者則於發芽後第十日及第二十日行之。三回者則於發芽後五六日十日及二十日分行之。乘間拔之便，卽可行施肥中耕。

病蟲害　蕪菁之病蟲害，與蘿蔔同。

收穫　蕪菁達適度之大，卽可收穫。秋蕪普通播種後八九十日卽達固有之大；四季蕪菁如以收穫其小形品爲目的者，則播種後春秋二季須五十日，夏季須四十日。如欲其稍大者，則尙須遲二十日左右收穫之。收穫如逾適期，則色澤劣變，內部質鬆而品質遜矣。一畝地之收量依品種土質而不同。小形種約三千斤，大形種約六千斤。

第三章　根用甘藍

學名 Brassica campestris

英名 Rutabaga

產地　原產於瑞典，有瑞典蕪菁之名。今英國及歐洲、美洲各處皆種之。

用途　與蕪菁同。歐美除供蔬食外，多以作養羊之飼料。

風土　亦與蕪菁同。需秋季冷涼之氣候，凡肥沃整治良好之壤土皆宜之。

播種　蔬菜用者，多於早春播種，至夏季即可採收供食。作飼料用者，在北方多於六月播種，中部多於七月播種。概行條播，行間一尺半至二尺，株間間苗後，五寸至八寸。中耕宜淺，其餘管理同蕪菁。

病蟲害　與甘藍同。

收穫　根用甘藍之收穫，適在地面結冰之前。其貯藏用地坑、地窖，或貯藏室均可。此菜栽培既不難，貯藏亦較馬鈴薯等爲易。

第四章　胡蘿蔔

學名 Daucus carota

英名 Carrot

產地　胡蘿蔔之原產地或謂爲英國，或謂爲中央亞西細亞，頗難確定。我國栽培之胡蘿蔔，據本草綱目，乃元時自胡地移來。

用途　胡蘿蔔多用爲鹽漬或煮食，生食者亦不少。葉嫩軟時亦可煮食之。在外國葉與根皆爲家畜飼料。

品種　胡蘿蔔因成熟期可大別爲

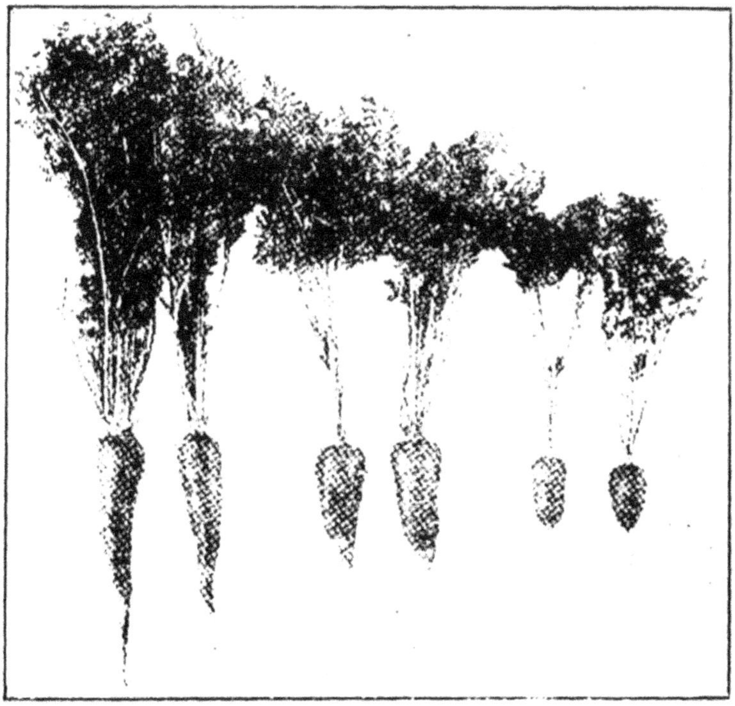

第三十六圖　胡蘿蔔

早晚二種。晚生種宜夏播；早生種宜春夏秋播，供終年之收穫。又因根之形狀，可分爲圓椎形種，截斷形種及圓柱形種。

風土　胡蘿蔔雖爲熱季蔬菜之一，但性稍好冷。夏季久旱，有損品質。降雨過多，根部易腐。故失之於旱與溼，俱難得良好成績。土質喜土層深之輕鬆肥沃壤土，尤須含多量腐植質者。黏土排水宜優良，否則常因土塊而致根部分歧，或表皮生鬚根及瘤，皆易使外觀及品質減低。

輪作法　連作不但無害，且可使胡蘿蔔之形正，鬚根之近邊生瘤少，色亦鮮美。然若於其地犯病蟲害時，務宜避之。夏播者其前作概爲麥、蕓薹、甘藍、蠶豆等。春播者則爲菠薐、茼蒿、甘藍、白菜、蘿蔔等。後作春播者依收穫時期不同。六七月頃收穫者，以葱、小白菜等爲宜；夏播者以芥菜、蠶豆、豌豆等最適。

整地　春季先用碟耙或齒耙，將地面整治匀細，乃依其種類作畦。普通大形種畦幅一尺，株間一尺；中形種畦幅一尺，株間八寸；小形種畦幅一尺，株間五寸。

播種量　播種量點播一處十五六粒時，有毛種子四升，去毛者二升已足。條播時有毛者八九升，無毛者四升。三年陳之種子，須加倍用之。

播種期　晚生種七月上旬至八月上旬播種，早生種三月中旬至七月中旬隨時播種。如欲終年不絕供給，則自三月至七月每月播早生種一次，七月中旬早生種而外，再播晚生種。則六月至十一月得供給新鮮品。十二月至五月可以貯藏品隨時販賣。如是可得周年供給不斷。

播種法　胡蘿蔔之播種，宜於土面潮溼時行之。其後亦宜隨時灌水。播種後輕鬆土蓋土厚一分許而略行鎮壓；黏土不覆土而即行鎮壓。條播時以掃帚掃播種之面上而後壓之，其上再薄覆麥桿藁籾殼之類以防乾燥及雨之打擊。覆藁不宜過厚，一分許已足，因過厚則土地雖不乾燥，而地溫低降，發芽不易也。

肥料　胡蘿蔔之肥料，宜施於前作。如有困難則可用堆肥、馬糞、人尿、灰、糠過燐酸石灰、油粕等爲基肥，以後用速效性之氰素肥料（如腐熟稀薄人糞尿）分二三回施於畦之中央，以爲追肥。

管理　發芽後能見苗行時，即復行淺中耕，至各行葉片布滿行間時爲止。中耕時可同時施追肥等除草。苗約生四葉即可間拔，擇密生者，葉柄不具固有之色者，葉比較的茂盛者除去之。一處留二株。再經十五日長三四寸時，再删去一株。

病蟲害　有根腐病、羽紋病、黃鳳蝶等。

收穫　早生種之於三四月播者，經九十月成熟。五月至七月播者，八十日。八月播者，九十日。晚生種之七月播者，經百日許。適度成長，即可收穫。如過期不收，心漸擴大，而甘味減退。收穫時先掘深溝，然後以棒鬆土而拔取之。收穫量早生種約一千斤，晚生種約一千四百斤至二千二百斤。

第五章　菾菜

學名 *Beta vulgaris*

英名 Gaaden beets

產地　菾菜原產於地中海沿岸之砂質土，歐洲各國亦盛植之。東至裏海、波斯等處，亦有栽培。在西歷紀元前，其栽培即已開始，今則大加改良，尤特別注重肥大多汁之甜根。文明各國，無不栽培者。我國近年亦有輸入，栽培地多在山東、東三省等處。

用途　菾菜之用途，主要者有三：（一）供製糖，

第三十七圖　菾菜

（二）供飼料，（三）供蔬菜。本章專論供蔬菜者。供蔬菜之菾菜，或取其多肉之根，或取其肥厚之莖葉。

風土　菾菜頗喜寒冷之氣候，故栽培者多屬寒冷之區。南方栽培者概爲寒季蔬菜，北方栽培者，則植於早春。幼嫩之苗頗能耐輕霜，兩星期後雖重霜亦無害。土質喜排水優良之輕鬆土。黏質壤土之肥沃者，產量最豐；輕鬆土壤，成熟較早。

肥料　菾菜之肥料，最忌粗糙而正發酵者。腐熟之廐肥，最爲良好。如土含酸性，宜酌施石灰。鉀肥亦極有效，硫酸鉀較硝酸鉀爲好。如欲其早熟，宜多施氫素肥料，棉子餅及硝酸鈉，最爲合用。

栽培法　栽植菾菜之地，須於秋季深爲耕起。春季須用耙及中耕器碎細整平之。因其耐寒力極強，故在早春可以耕作時即可播種。行間距離通常爲一尺左右。播種深約一寸許。間苗後株間宜爲五寸。間苗時須待苗長至相當大小，蓋拔起之苗可以充嫩葉菜也。行間宜隨時行中耕及除草。大規模栽培者，行間宜爲一尺半至二尺，株間六七寸，如是可用機器中耕。其實菾菜之播種，隨時均可，只北方寒冷之地，乃須於六月中播之。秋季成熟，採收可貯藏於冷窖或地坑以越冬。

温室栽培法　菾菜在温室栽培，非爲主要蔬菜，乃間植於他種蔬菜如萵苣、菾菜，或番茄之行間。其播種極密。幼苗擁擠時，即可間拔之以供葉菜之用。

第六章　苣菜

學名 Cichorium intybus

英名 Chicory or Succory

產地　苣菜原產於歐洲，後輸入美國；我國及東亞各邦，尚少栽培。

用途　未栽培以前，爲一種雜草。栽培後可作生菜，或作咖啡之攙合品。其嫩根熟煮後，拌以油脂香料，味略同胡蘿蔔。若以其嫩葉煮食，其味美當不減於蒲公英。

第三十八圖　苣菜

風土　凡菾菜適宜之氣候及土壤，亦適於苣菜。普通不含石礫之土壤，除黏土、輕砂土及糞肥土而外，皆可栽培。黏土則因土質過硬，砂土則因過乾，糞肥土則因含氰素過多，皆有使其根生長不良之弊。表土宜深，心土宜排水良好。如土壤組織良好，則高燥之地，不適種穀菽者，尚可種苣菜；惟低溼之地，不適穀菽者，亦不適芭菜，蓋易致根之腐爛也。

施肥　施肥方法，大概與他種根菜類同。氰肥可酌量節約施用。鉀肥則施前作所耗一又四分之一至一又二分之一。燐肥則施前作所耗二又二分之一。鉀肥及燐肥，最好施於前作而又不爲前作所重耗。

輪作法　芭菜爲一種根菜，其前作最好爲一種穀實作物，蓋其收穫期，正值秋耕之時。金花菜爲其前作尤佳，因其葉埋於土中，可爲優良之氰素肥料。

整地及播種　土地充分温暖，並有適度潮濕，卽可整地。耕地宜深，並隨之以耙，更用耡草器除去一切雜草，使土面十分清潔。種子多行條播，行間一尺半，株間不一定。種子播下後，須薄覆以土。

生菜培植法　於十月內，掘取優良之根，除根端一寸上下外，一切鬚根，概行修去。乃平埋於潮溼之土壤中，爲長列，全體成斜堆形，根冠伸出亦約一寸許。因培植時最需黑暗，普通多用温暖之地窖。約三四星期，卽能生出白色細嫩之葉。葉長約五寸時，卽可採割。生食熟食均可。其根如不受傷害，能繼續生葉至六七星期。

病蟲害　芭菜無特別之病蟲害，只有數種普通之菜蟲，如切蟲線蟲等是也。

第七章　美洲防風

學名 Pastinaca sativa

英名 Parsnip

產地　美國栽培最盛，我國及日本，近年在大都會附近，亦有輸種者。

用途　在殘冬及早春，各種新鮮蔬菜缺乏之時，正為美洲防風上市之時期。其供食用一如胡蘿蔔。亦可飼家畜。

品種　美洲防風之品種極少，適於土層甚薄或砂礫土者，有圓種或短圓種。適於中平土壤者，有半長種及空冠種。適於土層較深之土壤者，有光長種。

風土　最需清潔肥沃之壤土，土層亦宜較深。如此根之發育乃能光平一致。性能耐寒，若留根於田間越冬，則受冰凍之後，反有改良

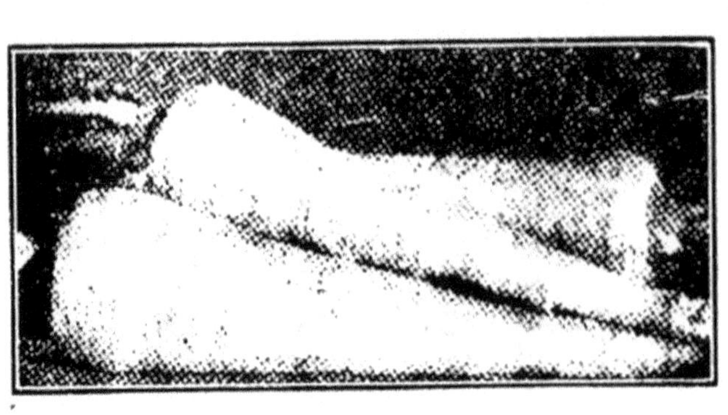

第三十九圖　美洲防風

其品質之效。

栽培法　整地方法，與胡蘿蔔、菾菜及他種根菜類同。種子生活力極易遺失，故播種時務取極新鮮之種子。種子發芽力極緩，地面雜草務須除盡，否則幼苗必受擁擠而悶窒。播種期在早春。概行條播。播種深四五分許，行間一尺至一尺半，株間三寸至五寸。在田間粗放栽培者，行株間距離，稍寬大亦無妨。苗出土後即宜行間苗，同時拔去或鋤去雜草，並隨時用鋤或中耕器中器至各株之葉，能遮覆地面爲止。採掘期通常在深秋。貯藏多用地坑或冷藏窖。病蟲害與芹菜同。

第八章　婆羅門參

學名 Tragopogon porrifolius

英名 Salsify

用途　婆羅門參，爲一種漿嫩多肉之根菜，與美洲防風同。其香味頗似牡蠣，故西名有素牡蠣(Vegetable oyster)及牡蠣菜(Oyster plant)之稱。

品種　此菜之品種甚少，只黑色及西班牙二種。

第四十圖　婆羅門參

風土　喜土層深而肥沃之冷性土壤，生育期間頗長，須全年方能完其生長。

栽培法　此菜耐寒力頗強，其種子宜於早春播下。在土地可以耕作時，即可整地作畦，施行條播。若用機器播種，行間二尺至三尺；用手播種者，行間減半。株間在間拔後可三寸至五寸。全生育期中，宜行中耕除草。其根在晚秋可掘起供食用，或貯藏之。若不掘起，留於地面度冬亦可，因不受冰霜之害也。其實不掘起尚較好，因掘起藏於窖中，不特耗費人工，且有萎縮粗硬之虞。

第九章　山薺菜

學名 Cochlearia armoracia

英名 Horse radish

產地　原產於英國，繼傳入歐洲。今則歐美栽培均盛。

用途　山薟菜之根有一種辛辣味。歐美人常磨爲細粉以爲肉類魚類之調味品。有增進食慾，幫助消化之效。亦可用作藥劑。

風土　喜秋季冷涼之氣候。除輕砂土及重黏土而外，一切土壤，皆適其生長。惟欲其產品優良，則須取表土甚深之壤土而組織良好，肥瘠適中，富於腐植質及水分者。在乾燥土壤，所生之根每形小而粗硬，辛辣味亦不正。過濕之土壤，則形小多漿，而味過強。故排水極爲重要。心土宜鬆，過硬易生歧根。

肥料　施用氰素肥料，不宜過多。人造肥料以富於鉀質者爲宜。混合肥料三要素之比例，宜鉀質十分，燐酸七分，氰素四分。施肥法先撒播田面而後耕覆之。

間作　山薟菜栽培之習慣多與他種蔬菜行間作。與其間作之菜類，有甘藍、蕪菁、萘菜及他種生長迅速之蔬菜。甘藍等栽植時，留二尺以上之行間。過兩星期至四星期，即於其行間栽植山薟菜，如是中耕除草等手續皆可較省。普通第一次中耕後，前作卽已收穫，全田面皆可爲山蔊菜所佔有矣。

栽植　山蔊菜少有結種子者，其繁殖多用三寸至六寸長之切斷側根。此種側根，多於秋季掘根時削下保留。先縛之爲束，置於冷窖中，其貯藏法與供販賣之根同。切根栽植時，須埋於地下二寸至四寸。直埋、斜埋，或平埋，其結果大致相同。行間二尺餘，株間八寸至一尺。此菜頗不畏傷害，其葉露出地面後，雖割二三次亦無妨。與其間作之甘藍、蕪菁等收穫後，再行一次中耕除草卽可。蓋此菜之葉生長極速，不久卽能佈滿田面，雜草實無繁生之機會也。

病蟲害　病害有葉斑病，蟲害有蝨甲蟲。

收穫　品質低劣者九月卽須收穫。品質愈佳，其收穫愈晚。家庭蔬菜園栽培者，最好留於地面度冬，待需用時隨時掘取之。營利蔬菜園，大率於秋季成熟時掘起，同時削下明年作種之側根，一同貯藏於冷窖或地坑中。

第十章　山藥（又名薯蕷）

學名 Dioscorea batatas

英名 Chinese yam

產地 山藥爲熱帶亞細亞地方之原產，我國野生及栽培者皆多，常採收之以供食用或藥用。歐美諸國不聞有廣行栽培以供食用者。法國於一八四八年始由我國輸入，現今稍有栽培。美國則僅栽培以供觀賞之用。

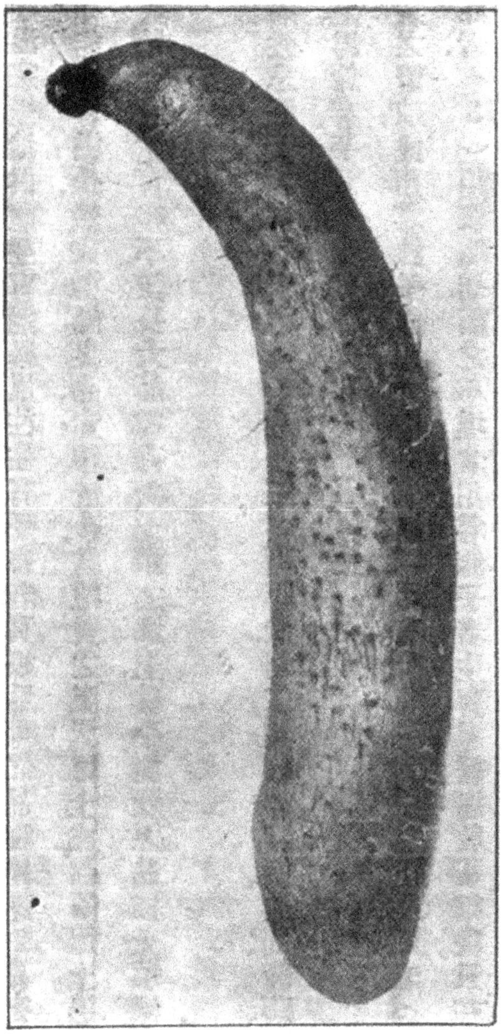

第四十一圖 山藥

用途 山藥之根可用種種之烹調法以供食。或磨而爲山藥汁。其汁含蛋白質甚多，易消化而滋養。此外根塊亦可爲澱粉之原料，或混於粉中製爲糕餅。其搾汁與葱白之搗爛者，混塗於紙以貼紅腫之處，能吸出毒氣使之速癒云。

品種　山藥之品種可分爲大薯、野山藥、長薯、一年薯、佛掌薯、鵝卵薯、黄獨等七種。

風土　在我國温寒土地，俱能生育。遇暴風往往有受害者。又根扁平之品種，旱魃時易害其生育。野生品在瘠地亦能叢育滋長，然欲得優良品，宜種於含腐植質之肥沃壤土或黏質壤土。過濕之地成熟遲，收量少。輕鬆瘠地生育亦不佳。長大品種喜表土深之壤土，扁平塊狀之品種，土壤深淺之關係不大。

輪作法　山藥性忌連作。收穫後須轉換土地隔三年而再栽培之。其前作爲麥、蘿蔔、菠薐、茼蒿、蕓薹等，後作則以麥、馬鈴薯、芋、甘藍、大豆等爲宜。

繁殖法　山藥之繁殖，或用零餘子，或用根塊。用根塊者，又有（1）用根塊之全部者，（2）僅用根塊之上端部者，（3）用根塊切斷之小塊者。用零餘子者，生育遲緩，達收穫期晚。只在欲多量栽植而不能得多數種薯時用之。若欲得巨大根塊，則宜使用根塊之全部以爲種薯。不願以全部充種薯時，則用其上部四五寸以爲種薯亦可。但依此法，一塊根上僅能取得一種薯。如欲多量栽植而厭其種薯太少，則將此大根塊切斷爲數個用之。

栽植法　栽植期南方暖地三月下旬，北方寒地以四月下旬爲最適，中部則宜於三月下旬至四月中旬植之。栽植之先，當行整地。如爲間作者，則僅耕鋤前作物之畦間，否則須仔細深耕作畦。畦幅狹者一尺八寸，廣者四尺。然普通佛掌薯二尺，長薯二尺五寸。株間佛掌薯一尺二寸，長薯一尺五寸。作畦畢掘植溝而施基肥，區別種薯之大小而分植之。自根塊之上端及零餘子養成之全形種薯，宜依其自然之狀態豎立植之，或稍傾斜於北方植之。栽植之深以其上部在地表下一二寸爲宜。種薯之切斷者，如長薯、一年薯亦宜豎立植之。佛掌薯之類，切口向北方，擬其自然狀態豎立植之。栽植畢，覆土厚二寸許，以鋤於其上鎮壓之。如土地乾燥，上面宜蓋藁或粃糠，以保適度濕氣。

肥料　山藥之肥料以氰素及燐酸成分爲最有效。普通爲堆肥、油粕、大豆粕、人糞尿、過燐酸、石灰、木灰等。性喜有機物，故堆肥宜多用之。基肥中當以堆肥爲主，而以過燐酸石灰、木灰及其他氰素肥料適宜配合之。追肥於八月下旬止，分二三回施用。

管理　山藥萌芽後，即行中耕。其後經二十日，行第二次中耕。如一處見有生數芽者，留強壯者一本，餘悉除之。蔓漸成長，乃立支柱。至蔓長一尺五寸至二尺時，擇晴天引之於支柱。其後自主蔓生枝蔓，在最下一段時，自基部殘留一葉除去之。第二段以上殘留二葉除去之。若自殘留之葉腋發生腋芽，則自基部全部除之。主蔓長伸後，至七月頃開花之際，可行摘心。旱魃之際，往往有行灌水者。然不可過度，以免腐敗。又有不立支柱以麥稈鋪地任其蔓延者，然以立支柱爲宜。如是仔細管理，至降霜後，蔓葉枯死，自根際刈去之。如爲早熟品種，可掘出之。否則如長薯之類，須再反復培養數年。

收穫　霜初降蔓葉枯後，可隨時採收之。若收穫過早，則不僅收量少，貯藏亦甚困難，故務於降霜後翌春萌芽以前收採之。如一年薯、佛掌薯，一年內能充分生長。但如長薯，則依種薯之大小而有差。三四尺長之種薯，一年可達極度之生長，而一尺許之普通種薯，則須四五年之培養，方能使之生長肥大。收穫時如佛掌薯根塊淺，易於掘取。如長薯則甚長大，掘採甚難，且易於折斷，須注意之。收量每畝一千二百斤至一千六百斤左右。

第十一章　甘藷（又名山芋）

學名 Ipomaea batatas

英名 Sweet potato

產地　甘藷之原產地，已不可考。相傳美洲熱帶最早栽培。今東西兩半球熱帶及亞熱帶皆種之。甘藷原美洲之說，爲康道爾（De Candolle）所創。惟據薩夫爾德（Safford）云，祕魯之古墓中，有歷史以前之甘藷雕鐫模形，甘藷原產於祕魯似又較爲可信也。今世界各國皆有栽培。

用途　甘藷在中國多爲食用，或作蔬菜。外國有以作罐頭及肉排者。其成分中含脂肪糖分及澱粉，均較馬鈴薯所含爲多，故其價值亦較高。又可爲養豬催肥之用，若放豬於甘藷田能自掘其根爲食，亦有切甘藷爲薄片，以飼牛馬者。

品種　甘藷有田藷、山藷二種，田藷圓而長，重者五六兩，有皮紫而肉紅黃者，有皮白而肉深紅者。有皮黃而肉淡紅者，皆皮薄味甜。質地細潤。山藷則長而大，重者一二斤，品質粗硬不甚可口。

風土　甘藷在生長時期，最需暖濕氣候。在四五月甘藷移植後，須常有大雨。至八九月將成熟時，始須乾燥之氣候。常有多數品種在移植後忽遇乾旱，則停止其生長。須下雨後乃得恢復。但氣候冷時，如遇大雨，幼苗亦易受損。故北方種甘藷，溫度爲第一重要。大概適於棉花之氣候，亦適於甘藷。土壤喜溫暖輕鬆之砂土，排水須良好，空氣須流通。輕砂土之下層如不甚疏鬆，亦可以人工排水法補救之。在砂坡土壤，最適於種甘藷。若以之種玉蜀黍，則失之過燥，即以之種他種作物，亦嫌水分不充分。新墾之土，曾植玉蜀黍者，最合於甘藷栽培。凡他種作物視爲不良之傾斜地，而排水良好者，栽培甘藷，無不相宜。黏重土壤，甘藷亦能生長。

肥料　甘藷之栽培，最易受肥料之影響。莖蔓細弱者，尤須施用較多之肥料。肥料中以腐植質需要最多。在多數地方農人常爬甘藷莖蔓及其他作物殘屑於田中，在冬季耕覆於地下以增加腐植質。用穀草類作腐質亦佳。金花菜草根爲腐植之最上者。豇豆莖稈，亦可利用，惟因其腐爛過速，當其土地整治完好後，其腐植質常不能完全保留以爲甘藷之用。若不得已而用豇豆，則宜留其莖葉於地面，或放豬食之，至移植甘藷前二三星期，方可耕下。

輪作法　甘藷最宜於爲玉蜀黍、番茄、甜瓜等菜之後作。惟爲根菜之後作，不甚相宜。尤以秋掘根菜爲甚。在玉蜀黍、番茄、瓜類之後，可稍播金花菜，或他種豆科種子，至六七寸後耕覆於地下，以爲綠肥，然後栽植甘藷。早收之甘藷，皆可利用此種土地。豇豆亦可用爲綠肥，惟於遲熟之種，不甚合宜。肥沃土壤或施肥料甚多之地，亦可連植甘藷數年，而得良好結果。然此種方法，農家多不取。曾有人舉行連作試驗三年，以第二年結果最好，第三年則顯出連作之弊害。蓋一地連作甘藷過久，則地面生長護土作物之機會過少，所耗土中之腐植質又多，卽所遺甘藷莖蔓，悉覆入土使之完全分解，所加入土中之腐植質亦少。惟早熟之種，地面可植金花菜、黑麥等，以增加土中之有機物，故連作之弊害較少。

整地　甘藷栽培，不宜耕地過深。因市面所需甘藷之形狀，以短厚圓者爲佳。深耕雖可增加產量，但所產之甘藷，常作長形。耕地深度平均以四五寸深爲宜，且有僅深二三寸者。耕地時期，在春間以早爲佳。當土壤在不過燥不過濕時，施行耕耙，常使土粒碎細得度。又因甘藷幼苗須行移植，故其本田尤不能不整治精細。耙地過遲，殊爲有害。普通於耕地之後，卽宜隨以釘齒耙耙平之。有多種砂土甚適甘藷栽培者，整地上實勿須特別注意。惟含黏土成分較多之砂土，甚易膠結成團者，則管理上須較仔細。

育苗　甘藷田整地時，卽須將苗預備以備移植。常有專門育苗者，能培養多數之苗，以供給栽培之農人。亦有以甘藷切成小塊而爲種物。寒冷之地且須用温床育苗。待苗長至適當大小，卽移植於本田。育苗事業，實占甘藷栽培上主要之部分。普通所用之種藷，其塊常小，直徑由半寸至一寸半。常自普通甘藷中，選其短小而光滑者。若形狀不佳又帶斑槽者，則不宜取用。中國育苗者，多摘苗之上部以移植。一藷所生之苗，可摘四五次。摘下之苗，須含二三節，其最上之節，只留葉一枚。若所用爲短苗，則移植時地面只留此一葉及一芽。若所用爲長苗，則移植時地面上可留出一半。亦有以長苗之兩端埋於地下，而任其中部之芽發生新枝者。售賣甘藷苗者，多將苗捆縛成束，依重量售賣與農人。若苗須輸至遠地，可以盆或桶貯泥土及河水，然後置苗其中，如是幼苗可保持其新鮮。置幼苗時，且須直立，以免受日光而枯萎。

移植　移植上最關重要者，爲適宜之時期。故在春季空氣潮濕及下雨之時，須有多人以及時行移植。法於田間先作脊高四五寸，另以鋤或小耙將其刮平，使闊六七寸。若氣候乾燥，可於移植前數日作脊。定植後，各株須澆以水。總之移植手術上，不特使幼苗僅能生活而已，且須深淺得度，水分充足，然後甘藷植科方能發育繁盛。就普通習慣，行中各株距離，以一尺半爲適宜。移植工作在吾國多用手工。美國行大規模栽培者，因人工昂貴，多使用移植機。移植機上並帶灌澆用水，故氣候乾燥，亦可行移植。

管理　第一次中耕，可自行中開土向兩旁之脊壅起，使植甘藷之畦脊土壤加厚。此可於定植後二星期或雜草開始發生時行之。中耕器可用五齒者。其後一齒須較寬，如是方便於將土壤向脊上堆壅。中耕時犂行須直。若耕作法精細，植科旁近一二寸之地，亦可攪動。第二次中耕，多用手鋤。在外國人工昂貴之處，多以除草機代之。但除草機甚易撞傷幼苗，殊爲不利。第三次及第四次中耕，在北方多行之。南方則行兩次足矣。在第三四次中耕時，同時須行翻蔓，目的在減少地下生根過多，使主要之根塊得充分發育。在蔓藤覆被土壤全面時，雜草已無繁生之機會，中耕即可停止。間有發生之雜草可以手拔去之。

病蟲害　病害有黑腐病、泥爛病、軟腐病等。蟲害有象鼻蟲、桃蛀蟲、金龜子、鋸蠅、切根蟲等。

收穫　甘藷收穫方法，先刈去藤莖，乃以犂反起畦之邊部（剛在栽植線之外）隨向栽植線犂之。則纍纍之塊藷，浮露地表。外國收穫甘藷，另用一種特製之犂具。其前安置圓碟二個，爲切斷莖蔓之用，此更事半而功倍矣。甘藷價值交春漸次增長，宜善爲保藏，以應需要。其貯藏時，應注意之數點如下：（一）選完全無破無病之藷。其有擦傷外皮者剔去之。（二）甘藷先除去水分，始易

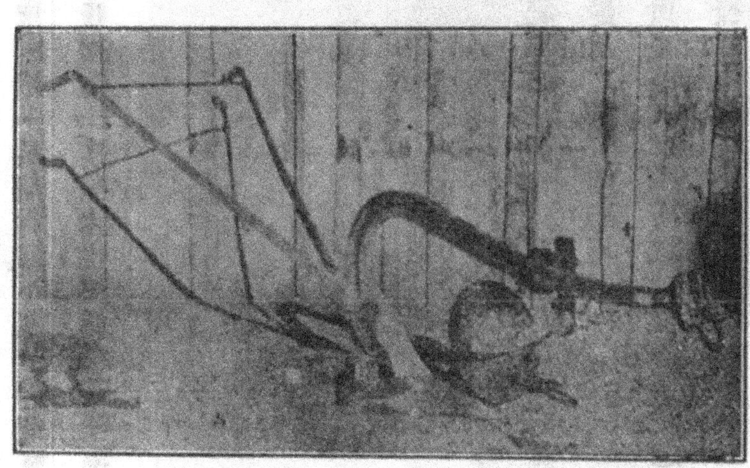

第四十二圖　掘藷犂

保全。乾燥之法，或風乾或兼用火烘均可。火烘以華氏九十度繼續一星期爲準。（三）貯藏室必周密，以防鼠害。（四）貯藏室內之温度宜比氣温稍低，以華氏表五十度至六十度爲合。若低過其度，則與外來暖氣相遇，諸皮凝集水氣，易致腐敗。

第十二章　根塘蒿

學名 Apium graveolens

英名 Celeriac

產地　根塘蒿爲歐洲原產。亞洲、美洲甚少栽培。

用途　此菜實爲芹菜之一種，不過其供食之部分爲肥厚之根而非葉耳。通常多以之煮湯而增湯之香味。亦可生食，醃食或煮食，一如蘿蔔、蕪菜然。由根提出之精，可供藥用。

栽培法　此菜之栽培法，除不行軟化外，其餘一切，概與芹菜同。春季播種於整治精細之苗床，最好在朝北有蔭蔽之處。用冷床或空閒之温床亦佳。種子發芽極緩，應隨時注意灌水。苗高二三寸，即須在苗床中行移植一次。栽植概用手，行株間各三寸許。以後再移植於田圃間，行間約二尺，株間五寸至七寸。其土質須爲砂質肥沃壤土。灌水宜勤。亦有不行移植而直接播種於圃地者，此則須行間苗，使株距保持相當之距離。惟欲苗株強健，仍須行移植。如此栽培者可於秋冬收穫。若欲收穫較早，則須於溫床中播種。其生育期中，除中耕外，不須他種特別管理。只於根部膨大時，將株旁之土略爲移去，並削去一切側根，此蓋欲主根生長更大，且有光平勻正之形也。儲爲冬季用者，宜用土或草覆之，以避霜害，或埋於潮

第四十三圖　根塘蒿

砂而置於冷窖中亦可。

第二編　莖菜類

植物之莖可供蔬菜用者，可大別爲地上莖與地下莖二部。地上莖普通多於幼嫩時採食之，且常有行軟化栽培以增其白嫩者。地下莖在土中發育生長，往往與根不易區別，但細察之，其形態或生理，與根迴然不同。可大別爲球莖、塊莖、根莖、鱗莖四類。玆將莖菜類之主要者，舉之如下：

(一)球莖類　慈姑　荸薺　甘露兒

(二)塊莖類　馬鈴薯　菊芋　芋

(三)根莖類　藕　薑

(四)鱗莖類　葱頭　百合　薤　大蒜

(五)嫩莖類　石刁柏　土當歸　筍　茭白　濱菜　球莖甘藍

地下莖類，概需潮濕之土壤。氣候，球莖、鱗莖類需冷季，塊莖、根莖需熱季。土質須肥美，表土宜常中耕。繁殖法，球莖類多用球莖，塊莖類多用塊莖，根莖類多用根莖，鱗莖類多用鱗莖爲種物；然亦有用種子者。地下莖類主要供食部分爲地下莖。亦有以他部分供食用者，如葱、蒜之葉，芋之葉柄及藕之蓮子是也。

地上莖類多爲多年生，故其習性每與他種蔬菜不同。常須一種久遠之栽培地。耕作多行於繁殖前或採莖後。每年春秋二季皆須施表面追肥。因其占地面甚久，少有列入輪作次序中。

第一章　慈姑

學名 Sagittaria sagittifolia var. sinensis

英名 Arrow-head

產地　慈姑爲東亞原產，我國自古栽培之。日本自我國傳入，栽培亦盛。歐洲近年始輸入，散見於各地。然僅觀賞，未聞有栽培以供食用者。

用途　慈姑之用途概爲煮食，間有爲澱粉製造者。

風土　喜溫暖日照多無暴風之氣候。又好濕潤。如旱魃亘續，灌漑乏水，地表生龜裂，大有害於其生育。八九月頃霪雨連緜則難得肥大者。九月中下旬暴風折斷其葉柄，收成往往減低。土質喜壤土而排水不良者。種於砂土，形小肉堅實，收量少，形狀品質俱惡劣，然適於爲種球用。種於稍黏質之地及汙水流入之沃地，色濃肉軟，味亦甚美，最適於供食用。然軟而易腐敗，不堪爲種。

輪作法　慈姑不宜連作，在同一土地，當隔四五年再種。我國南方，爲一種副作物，栽植於稻田之灌溉溝者甚多。如欲栽植於水田者，其前作普通爲稻，冬季休閒，至翌春栽植之。或於冬季排水，栽植菜類亦可。又與早生稻爲間作栽培之亦甚佳。其後作亦以稻及藕爲宜。

栽植法　慈姑收穫時，自葉柄上無小溝而肥滿之母株，採取中形之慈姑以爲種。善爲貯藏之，以待明年之應用。栽植適期，爲六月中下旬。欲栽植之水田，務早爲耕起，灌溉攪拌，施以基肥。當栽植之際，田上張繩定畦。畦幅與株間距離，食用者，畦幅三尺乃至二尺五寸，株間二尺乃至一尺五寸；種用者畦幅二尺，株間六寸許。栽植時田水宜淺。其深以芽上覆土二分許爲度。種慈姑之芽已少伸出者，則宜少露芽之先端於土上。栽植不宜過淺，淺則易遭風害也。

肥料　肥料氤素不宜過多，多則莖葉繁茂軟弱，易罹風害及蟲害，球莖亦小而收量少，故宜與燐酸鉀質肥料適宜配合施之。普通所用之肥料爲綠肥人糞尿，過燐酸石灰草木灰等。

管理　苗長五六寸須行除草。其後迄八月下旬止，須分行三四回灌溉，以土不乾爲度。務以淺水爲宜。至霜後葉枯，卽可排去田水。然如任其在田內越冬至翌年收穫者，則宜繼續灌水不可使田土乾涸。

收穫　晚秋十月頃莖葉枯死，自此迄翌年四月中旬頃發芽期，可隨時採收。欲收穫時，須先於五六日前排去其水而以耙鋤起之。收量每畝以六百斤至八百斤爲豐作。

第二章　荸薺

學名 Scirpus tuberosa

英名 Water chestnut

產地　我國爲最盛。日本栽培者甚少，西洋亦不多見。

用途　球莖富於澱粉與甘味，可作水菓生食，亦可煮食，更可製澱粉。

風土　對於氣候之嗜好，與慈姑略同。土質雖不甚選擇，而砂性肥沃之地產者，色澤與味俱佳。黑色腐植質多之地產者，色黑紫而皮厚、肉硬，味亦甚劣，不堪生食。其下層土最好爲硬土層，則球莖不至深入土中，平均散布於一處，大小旣整齊，掘取亦便。

輪作法　荸薺不宜連作，同一土地，宜隔二三年再栽植之。其前作物普通爲水稻，而冬季休閒。然亦可於稻後種豆科植物爲綠肥而後栽培荸薺。此外尚有與早稻爲間作而栽培之者。其後作如早採收時，可種蠶豆。普通晚冬開始採收至翌春採完畢，然後栽培芋或其他作物。

栽植法　取上年選留形圓大芽充實之荸薺，於五月上中旬栽植。水田當先耕起，灌水攪拌，施以基肥，然後植苗。行間株間大概以五尺與二尺五寸許爲宜。栽植宜陰天。每處種一株荸薺，入土深約寸許。如爲稻之間作，栽植法稍異。即插秧寬二丈，留五尺幅種荸薺一行。如是更迭栽植，至栽滿爲止。其株間亦以二尺五寸爲宜。至七月上旬頃早稻收穫後，乃取栽荸薺處所發生之新苗，補植於種稻之處。其行間與株間，俱以一尺五寸許爲宜。

肥料　與慈姑略同，而嗜氰素肥料則較慈姑爲甚。普通所用之肥料，爲堆肥、牛糞、人糞、羊糞、灰及水藻等。

管理　栽培後，經一月許至六月中旬頃，匍匐枝盛出，新株繁生，其老株可拔去之。爲稻之間作者，稻割去後分植時，可即將老株拔去。宜隨時除草。灌溉不宜深，以二寸爲度。而自六月至八月末盛行繁殖之時，以田面不乾爲限度。

收穫　自十一月下旬至次年二三月，可隨時採收。採收後用缸一只，一層沙或泥，一層荸薺，相間裝入貯藏之，則可至七八月不壞。收量每畝自一千五百斤至二千斤。

第三章　草石蠶（一名甘露兒）

學名 Stachys sieboldii

英名 Chinese artichoke

產地　草石蠶原產於中國，日本間有植之者。近年歐洲栽培極廣。一八八二年，德人自北京帶回試植，是爲草石蠶入歐洲之始。今法國各地試植成績甚佳。

用途　此菜形似蠶蛹，外皮與肉俱白色，質柔軟，味淡泊，可煮食。鹹菜醬菜內，亦多混用之。

栽培法　栽培法甚易。不擇風土，無何燥濕之地，俱可栽培。三月中下旬整地，作幅二尺之畦，以堆肥、人糞尿、油粕等爲基肥，施之畦上。每距四五寸下塊莖一個，覆土厚一寸許。如是四月中旬發芽。苗伸長達三四寸，施液肥，行中耕，并隨時除草。不久即自下部之節發芽而生塊莖。惟夏季過於繁茂，有阻害地下莖發育之憂，當摘去先端以抑制之。如是自十月頃漸次衰枯，自十一月頃至翌春可隨時採收。採收時因其形甚小易於殘棄，故往往一經栽培之地，有利用其殘棄物任其自由生長不再爲栽培者。平均一畝地收量六百斤。

第四章 馬鈴薯

學名 Solanum tuberosum

英名 Potato

產地 世界主要食用作物除稻作以外，其栽培最廣且最有價值者，或當推馬鈴薯。歐洲所產，約佔全世界五分之三。如俄國、德國、法國、奥國、匈加利、英國每年出產均多。美國年約產三百萬英畝。因馬鈴薯爲比較耐寒之作物，故凡温帶北部之國，皆可植之。

用途 馬鈴薯在歐美爲人類主要之食品，我國則爲一種蔬菜。其次則在製造澱粉。蓋製成乾澱粉後，輸運較便。在歐洲更以之製造酒精。機械原動力多用之。飼養家畜，亦有用馬鈴薯者，或生給或熟給均可。

品種 欲選擇馬鈴薯之品種，須注意以下各要件：（一）滋味佳良，甚合於煮食之用。此與土壤、氣候、肥料、成熟期等均有關係。（二）產量大。此則須所選品種，能適應本地環境。（三）抵抗病菌之能力所選之品種，須不有傳染疫病之機會。有多數品種，其抵抗疫病之能力較大。（四）薯塊之色澤馬鈴薯之品種，每種皆有一種特別之色澤。（五）薯塊表皮之性質表皮之性質，以粗糙者爲佳。（六）薯塊之形狀市場所需之馬鈴薯，常有各種之形狀。普通多以薯形爲分級之標準。其形有圓者，有扁圓者，有腎形者。（七）芽眼之多少及深淺芽眼太多或太深，於削皮上殊不經濟。（八）成熟期馬鈴薯之成熟期，可分爲早熟、中熟、晚熟三種。早熟者約在播種後七十日至九十日。中熟者則在九十日至一百三十日。晚熟者則可至二百日。（九）莖葉之性狀莖桿挺直，枝葉密布，爲最需之性狀。因馬鈴薯具此性狀，可抵抗病菌及易於用藥劑噴殺也。（十）植科之生活力植科之生活力須強，且須薯塊不有二次生長之病。（十一）品種名實相符。

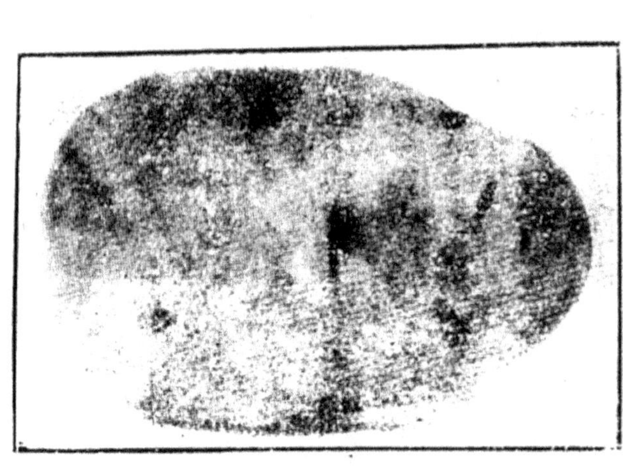

第四十四圖　馬鈴薯

風土　馬鈴薯純爲寒季蔬菜。在南方栽培者，其生育期全在春季之寒期中，至將熱前成熟。但必須生育較久方能成熟者，縱遇溫熱氣候，亦屬無妨。北方之遲熟種，其生育期多於九十月寒期前停止。南方欲植中熟之種，頗屬不易。惟在濕沃之地，則早熟種收穫後，尚可栽植遲熟種。倘氣候寒冷，其結果必佳良。但欲求薯塊大產量多者，仍以北方爲宜。適宜之土壤爲土層甚深且經熟透之壤土。然砂土、黏土，亦可植之。最需行秋耕。因與春季工作，最有關係。土層以愈深愈佳，能深至一尺以上尤善。若在冬季能再行粗耕一次，則至翌春必甚適用。種床之預備，須用圓碟耙，整治精細。

肥料　未腐熟之廄肥，可於秋耕前施下。其已腐熟者，則可於春季時以碟耙覆下。馬鈴薯需腐植質頗多，故常種於金花菜等兩年生牧草作物之後。自肥料方面觀之，馬鈴薯種於兩年生作物之後，固屬有利。然病蟲等又易爲其害。因此之故，馬鈴薯以種於他種作物如燕麥、玉蜀黍之後爲宜。

種物　全個塊莖，或塊莖之切塊，皆可以之下種。每塊若重三兩，有芽眼一，即可爲佳種。收穫時，須注意產量最大者，留其塊莖爲種。蓋自產量大植科中選出之種，其後裔之產量必大。用爲種物之塊莖，其形須圓，面部光滑，不起再生作用，且須具有某品種眞正之特性。若行條播，行間距離宜爲三尺，株間距離，宜爲一尺二寸。種子之貯藏方法，亦甚關重要。貯藏地宜冷而通風，以免其重量之遺失。

在下種前十日或兩星期，宜將種薯置於向陽之地，使預爲發芽。如此發出之芽，頗爲細小。若欲防痂疤病，宜於此時用福爾摩林液消毒。

播種　馬鈴薯播種方法，有用手播者，有用機器播者。歐美用機器播種，完全在節省人工。然求最良機器則不可得。蓋其種塊過大也。若在砂土，播種可深二三寸，平耕法最爲適用。如在黏土壤土，則深一二寸卽可。畦耕法較爲適用。凡需行灌溉之處，行間常爲三尺半。但不需行灌溉者，則二尺半足矣。播種期視早熟種與遲熟種而異。普通早熟者，在氣候初暖，土地可耕作時，卽可播種。惟愼宜注意，勿使之受霜害。遲熟種則在五月中旬方可下種。

管理　播種後數日，卽須起始行中耕。此時可用釘齒耙，以便刈除一切雜草。釘齒耙宜每星期使用一次，至苗高七八寸時爲止。此後可用中耕器以行中耕。全生育期中，至少宜行中耕四次。兩次間之間隔，爲七日至十日。第一次中耕宜深，以後逐次漸淺。第二次之中耕，不宜深過二寸。四五次中耕以後，相近兩行之枝葉，可於行間接觸矣。

病蟲害　馬鈴薯多受甲蟲及疫病之害。甲蟲爲害後，其成熟期提早，薯塊每難達適度大小。受疫病者無論在田中或窖中，均易腐壞。防治方法，可噴射波爾多液。苗高六七寸時，卽須噴射，以後每

第四十五圖 馬鈴薯六行藥水噴射機

間二三星期，再噴一次，至成熟時爲止。尙有一種痂斑病，常爲害薯塊之本身。其最劇烈者，能使薯塊毫無售賣之價値。因其病菌常於冬季藏於土壤中或病薯中，故可以下兩法防治。即（一）受病之田，三四年內不再植馬鈴薯，（二）以福爾摩林液浸種是也。

收穫　早熟之種，塊莖至適度大小，即掘起出賣。晚熟之種，則宜待莖葉枯萎後掘之。如莖葉曾受疫病，而其塊莖又須貯藏，則薯塊須稍緩掘之。普通約在莖葉乾枯十日以後，

第四十六圖　馬鈴薯掘薯機工作之情形

如土壤乾燥，則須立爲掘起之，藏於冷涼之地。馬鈴薯在貯藏室中，宜常在華氏三十二度至四十度。室中且須黑暗通風。馬鈴薯在地面亦貯藏之。法聚薯爲堆，上以草及泥土等蓋之。北方較寒之區，以用土窖爲宜。如此管理、檢察，及取出售賣，隨時均便。地窖亦須黑暗。完好之薯，在冬季貯藏五月，約失其重量百分之五至二十。但温度與濕度頗有影響。温度較高，則損失較大。濕度較高，則損失較小。

第五章　菊芋

學名 Helianthus tuberosus

英名 Jerusalem artichoke

產地　美國及加拿大盛產之，我國及日本亦有栽培。

用途　此植物之塊莖，可以供蔬菜之用，一如馬鈴薯。美國及加拿大栽培者，並以之作養豬之飼料。

品種　有白、黃、紅、紫諸品種。惟紅色品種產量最高。

風土　凡排水優良之土壤，皆適菊芋之栽培。卽輕砂土或礫土他種蔬菜或作物不易栽培者，種菊芋亦能繁盛。其最需要者，似爲乾燥之土壤。如土壤潮溼，其塊莖必致腐壞。耐旱力極強。病蟲害亦少。

栽培法　此植物之繁殖法，與馬鈴薯同，亦用塊莖。用全塊或切塊均可。行株間距離，宜各爲三尺。其不畏霜凍之力較馬鈴薯爲強，故在早春地面可耕作時，即宜栽植。中耕之需要，亦如馬鈴薯，惟不必如其精細。栽植後約經五月而成熟，可照馬鈴薯收穫法採收之，或留於地面越冬亦可。

第六章　芋

學名 *Colocasia antiguorum* var. *esculenta*

英名 Taro

產地　芋原產於東印度及馬來半島，繼輸入蘇門答拉及夏威夷等處。夏威夷人且以之爲主要糧食。我國自古即栽培之以爲蔬菜。

用途　（一）蔬菜。芋之塊莖，各國多用之爲蔬菜，其滋味及滋養價值，遠勝於馬鈴薯。作蔬菜時，蒸煮煎炙均可。其葉與葉柄亦可用作蔬菜。煮而食之，味較青菜菠薐尤善。芋之花苞亦可同法煮食。（二）芋粉。芋之爲食物，無論何種式樣，皆甚易消化，故極合於衛生。又因其含澱粉甚多，是以芋粉之製造，頗爲今人所注意。製粉之法，多將芋之球莖先爲蒸煮而後磨細之。（三）芋饌。夏威夷芋大部分之用途，皆以製芋饌。法將芋之塊莖先爲蒸煮，纖去其外皮，然後以木板石杵搗之成饌。據聞夏威夷人食芋饌之法，頗饒趣味。蓋其人不善用匙，食時每以一二手指庖代也。

品種　芋雖常用無性繁殖，但其品種仍多。若夏威夷栽培之種，不下五十餘。其大小形狀、肉色、葉莖色澤、組織、香味、及成熟期早遲等，常有種種不同。中國舊時之分類法，別爲青芋、紫芋、眞芋、白芋、連禪芋、野芋六種，但就其習性分之，可歸納爲水芋及旱芋二種。水芋之生長，其植科一部分沒入水中。旱芋雖亦需多量水分，然其植科不沒於水。

水芋栽培法

（一）土壤　水芋之栽培，需黏重而能保持水分之土壤。若濕肥之土，最爲適宜。夏威夷之大部，幾爲栽培水芋之田。其田大小形式不一，布置方法，常可使上田之水，流入下田，以行灌溉。若新闢植芋之田，須先於田周作圍，以便蓄水。整地之法，先將土犂起，後放水其中，然後壓土使緊。至於栽芋甚久之田，則不必行鎮壓手續，整地完畢以後，可放水一部分，以便行移植。

(二)栽培法　芋之繁殖法，多用前年之芋頭。法以芋頭一枚或二枚，上有葉梓五六寸者，植於水泥中，行距與株距之大小，隨品種及栽培法而異。普通行距由一尺至二尺半。株距八九寸。亦有一株下植數本，使各植成一圓圈者。各本覆於土壤之下部，遂生新根而擴大之。地面上中生主梓（實爲葉柄）環生幼芽，爲芋頭附生球莖發芽而成。

(三)管理　栽植芋苗後，主要工作爲除草，多用手拔或鋤鏟。其次除去外周所生之死葉，以減水分之消耗。鏟除之草，如確知無再生之機會，可同死葉埋於土壤下以爲肥料。機器中耕，完全不能應用。田中灌溉水，須時爲更換。

(四)收穫　芋之成熟，亦隨品種而異。普通約需十二月至十五月。若在成熟前急於收穫以圖目前之利，則芋之品種，必易變劣。下收穫方法，農人多以手連根將植科拔起，而擲於田埂上，然後削去葉及葉柄而置塊莖於籃中以運市出賣。外國賣作蔬菜者，多連莖葉捆縛成小束。吾國則莖葉多分別出賣。

旱芋栽培法　芋以旱名，蓋栽培時，土面不須水覆沒也。其生長亦須多量之水分，惟雨量豐富卽可。其整地方法，與他種根菜類同。除耕地耙地而外，田面並須作畦溝。行間至少宜二尺半，以便用機器行中耕。繁殖方法完全與水芋同。

病蟲害　芋之蟲害甚少，惟有一種根腐病爲害頗厲，但可以中耕選種及輪作法防之。

第七章　藕

學名 Nolumbo nucifera

英名 Lotus root

產地　原產地爲印度，自印度傳至我國及西伯利亞地方。我國印度及日本自古盛栽培之。占蔬菜上重要之地位。歐美諸國，近年始輸入，尚視爲一種觀賞植物。

用途　藕在我國生熟兼用，而糖醃或乾燥貯藏者亦不少。此外製造澱粉者各處皆有。如杭州西湖藕粉是。蓮子可生食、炒食，亦可煮食。我國以此爲酬酢珍物，且視爲一種補品。花可作插瓶花而販賣。其花瓣貼諸腫瘡能吸收其膿，葉在卷葉時期有食用之者。及其長大，可採而供種種用途。在印度其葉柄及花梗可爲瀉下劑。總觀蓮藕全體，自上而下實無一物可棄也。

風土　藕喜溫暖多溼，切忌冷溼之氣候。自發生立葉後至九月上旬尤忌暴風。如葉爲雨傷損，大有害於其生育。土壤以富於有機質而極肥沃之土壤或黏土爲最宜。栽培於砂土者，成熟雖早而藕多曲，形狀不美而味亦不良。極適之地，爲肥沃而不宜於水稻之水田。

輪作法　此作物性喜連作。每次收穫，深掘入土中，反出下層土，增加表土，藕之品質得漸上進，收量亦能增加。若不幸而犯病害，當於四五年間栽培稻或慈姑或變更品種以抵抗其病菌。

繁殖法　繁殖有用種子與地下莖之別。欲得肥大之根莖，當用前生之根莖以爲種。然供觀賞用蓮者，則往往用種子。種藕宜用親藕（親藕爲自種蓮發生形成之藕，自親藕分生之枝曰子藕）最發達之先端二節。如藕價昂貴，則以子藕爲種而增其肥料分量亦可。

栽植　種藕栽植期普通在四月中旬頃。暖地早而寒地遲。栽植前當行深耕灌水，而於田之四周，築土圍之。且施以基肥。如能利用二三月頃之農閑深耕數回，使其受充分之風化作用更佳。整地而後，勿須作畦。栽植距離，視品種，種藕之大小，土地之肥瘠而異。概言之種藕用親藕行距一丈，株間四尺，用種藕行距八尺，株距二尺至三尺。而田之周圍，則空留五尺，以免日後藕之蔓入隣田。栽植種藕時，田中灌水約深五六分至一寸。在長方形之田，種藕與其長平行植之。栽植時先以兩手掘土，種藕之基部約全長之四分之一現於地表而斜插之。其先端約在土下深四寸許。惟須依其年之氣候與栽植期之早晚，善爲準酌。卽温暖時可淺植，寒冷時宜深植之。

肥料　氮素肥料與收量最有關係，而燐酸與鉀質不足時，味劣而病害易於侵入。普通使用之料爲堆肥，人糞尿、大豆粕、糠、過燐酸石灰、石灰等。肥料用量，固因地之肥瘠而異，然普通之地宜充分施之。而以初栽藕之田爲尤然。卽初栽者，非較普通肥料量加倍施之，難期其達十分之生育也。

管理　栽植後灌水深二寸許，漸次增加至四寸爲度。自五月下旬至七月上旬，行除草三四回。此際足踏入田中，愼勿踏斷根莖。除草時當排除田水，且乘便攪拌根間之土壤。除草畢仍灌水深四寸許。至葉枯時，可排出田水，惟不宜過甚，以田面不生龜裂爲度。花蕾發生時，如目的專在根莖者，當折曲（非折斷）其花梗，使之不能開花結實，以圖根莖之十分發育。葉與根莖之發育，有大關係，故切不可傷損之。然至八月中旬，根莖已充分發育，將近成熟，則摘取之可無妨礙。

收穫　藕早者七八月頃，已可收穫。然欲其充分成長，須待至九十月，卽於其時至翌年四月止，可依需要而隨時採收之。採收多用手，而略以器具佐之。當掘土之時，見有枯而粗大無皺之葉柄，卽可斷定其下有根莖存在，乃善爲採取，勿傷其芽與子藕。老栽培家依葉柄基部之粗細及皺紋之狀態，能得推知藕之大小。採掘而得之藕，以水洗淨，卽可供販賣或烹調。每畝收量以親藕二千斤，子藕八百斤爲豐產。

第八章　薑

學名 Zingiber officinale

英名 Ginger

產地　原產於東印度地方，我國在孔子以前，即已栽培。現今以安南、印度、乍美喀、拍托里科、廣東及日本爲世界有名產地。西洋栽培不盛，概仰給於日本輸出之乾薑。我國廣東之糖薑，輸出亦頗有名。

用途　薑可爲香辛料或鹽漬、糖漬。亦可爲糕餌之原料。在外國與胡椒共爲製辣醬之原料。或作健胃劑發汗劑。

品種　有廣東大薑、盆薑、金時薑等。

風土　喜溫暖而濕潤之氣候。若遇旱魃，葉枯萎，塊莖之生長必不良而收量亦少。反之降雨過多，則莖葉徒長，而塊莖不肥大，且往往有致薑腐敗者。至其適地依用途而大異。以乾薑之製造爲目的者，當選砂質土植之。如供蔬菜用欲得辛味不強品質柔軟者，以富於腐植質之壤土或黏土且能得適當水濕之地爲最宜。惟過重黏之地，生育不良，輒致腐敗，非其所宜。

輪作法　不宜連作，故一經栽培，其後二三年間宜栽培他種作物。前作後作俱以蕓薹、雪菜、麥等爲宜。

整地　栽植之先，如爲麥之間作者，則耕起其畦間作小溝而栽植之。如爲雪菜等之後作者，則須整地作畦，畦幅欲早採者二尺至一尺五寸，株間六七寸。晚採者畦幅二尺，株間一尺五寸。作畦畢，掘淺溝以預定之株間距離，配置種薑，須使芽向上以免發芽困難而腐敗。薑上覆堆肥、油粕、米糠、灰等混合之基肥，厚以薑略隱爲度。更於其上覆土厚五分許，使畦面水平。如在寒地，覆土宜稍厚，以一寸至一寸五分爲度。

栽植　取全形或切開爲二三塊之種薑於四月上旬至五月上旬栽植於圃地。暖地宜四月上中旬，寒地五月上旬必須植畢。不宜過遲，遲則不利於根莖之肥大。惟欲遲收穫者，過於早植，亦非所宜，因足使根莖之外觀惡劣也。

肥料　最嗜鉀質肥料，氫素燐酸亦重要。基肥宜施廄肥、堆肥、灰、糠、油粕、大豆粕等之遲效性者。

追肥最初如人糞尿之速效性者，須節用之；終則可多量施之。

管理　欲早收穫者，爲使其生長迅速，植栽時薄覆土，其後經二三十日行第一次中耕時，再覆土厚五分至一寸。覆土過淺，莖葉雖不至徒長，然根莖露於地表，妨其肥大，且使其皮增厚，有損於品質及外觀。爲間作者，在發芽以前不行中耕，待發芽而前作物收穫後，施基肥且兼行第一次中耕與覆土。不爲間作者，六月上中旬發芽後，施肥而行第一次中耕，其後距十五日至二十日續行中耕二回。惟欲早收穫者行一回可也。欲製造乾薑及爲種薑者，至九月下旬至十月上旬再深行中耕一次，使根旁之土乾燥。施肥中耕而外，所宜注意者，爲隨時除草，且至七月中旬鋪藁於畦上，以防土地之乾燥，與根莖之曬傷。當旱魃之際，能於早晨灌水亦甚佳。

收穫　收穫時期依土地品種及用途而不同。早熟種早栽植而施肥中耕又早完結者，自七月上旬始，卽得收穫。早收者收量雖少而外觀美麗，易得善價。其遲者收量雖多，然皮厚而外觀劣，故至遲在九月下旬以前，須順次全部收採。製造乾薑者，以受霜而葉枯死者爲適期。葉未枯死時，收量少水分多。乾燥既須多費時日，而減量亦甚大。故須準酌地方風土，自十月中至十二月中旬間，定適當時期採收之。如爲蔬菜者，可連葉採收之。欲製造乾薑者，則除去莖葉，僅採根莖。收量蔬菜用者，依時期而大有不同。乾薑用者，每畝二千斤許。

第九章　葱頭

學名 Allium cepa

英名 Onion

產地　原產於中亞細亞。歐洲美國今盛栽培之，除甘藍而外，或當以葱頭爲最重要之蔬菜。我國近二三十年，始有輸入，祇大都會附近，乃有栽培。

用途　在西洋爲航海家、探險家、鑛業家所必需之食物。概爲煮食，其小粒亦有醋漬者。此物煮食時，柔軟而有香味，滋養分甚富，能助消化，增食慾，且能調和神

第四十七圖　葱頭

經，增進記憶力，治不眠症與下痢，多量食之，可作發汗劑，在醫藥上之效用，甚爲偉大。

風土　氣候喜冷涼溼潤，不畏霜雪。遇旱魃則生育與品質俱不佳良。自生育之中期至末期，又好溫暖乾燥而忌暴風。土壤需極肥而排水優良之壤土。黏重土及磽薄之山地，均不適宜。富於腐植質之地，曾經三四年之耕作，且含有混合良好之細砂，水平線在地面二尺以下者，最爲良好。

輪作及施肥　葱頭之前作，須爲施肥甚多而又勤於中耕之作物。且地面不宜含有雜草種子。二次生長之豆科作物施肥甚多者，若在秋季耕覆於土中，次春植馬鈴薯，馬鈴薯收後，即可植葱頭。施肥時期須在春季。肥料宜與土粒混拌良好。切忌過肥，倘覺土中肥料不足，可用雞糞行追肥一次。整地一次後，可栽培葱頭多年。非病害蟲害甚厲，實無變更農制之必要。

播種　土地施肥以後，可以釘齒耙行耙作一次。葱頭在蔬菜類中，似爲最能耐寒者。在春季甚早之時，土地如可耕作，即可播種。北方氣候較冷，五月亦可播種。南方播種期，在二月至四月，亦有在秋季播種者。若用手鋤中耕，行間一尺至一尺二三寸已足，用機器中耕，行間宜闊二尺半。在人工低廉之中國，似以手鋤中耕，較爲經濟。株距宜爲一尺，每穴下種十二粒至十八粒，視其生活力之強弱而定。落種之地位，最宜眞確。種子宜選最佳良者。優良種子，發芽率在百分之九十以上。播行宜直，中耕除草等方甚便利。

管理　幼苗出土後，卽宜行中耕，可將每行幼苗兩旁之土掘鬆，向行中堆壅，以後亦宜繼續行之。如有必要，更須行間苗。各株距離，至少爲二寸半。若土壤不甚肥美，可施追肥補助之。全生育期間，土面發生雜草，卽宜除之。土面硬結，宜行淺中耕。每間十日或兩星期中耕一次。至鱗莖形成時，中耕可漸停止。

病蟲害　病害有黑粉病、露菌病、莖爛病、霉爛病等。蟲害有根蛆蟲、切根蟲、葱蠅等。

收穫　鱗莖將成熟時，近地面之莖稈，漸變脆弱，遂倒伏地上。地面莖葉大部份旣已枯死，卽可拔起鱗莖。以二行或三行之鱗莖堆積之，留於地面一星期至數星期之久，使之乾燥。鱗莖所連之莖葉，在運市出賣

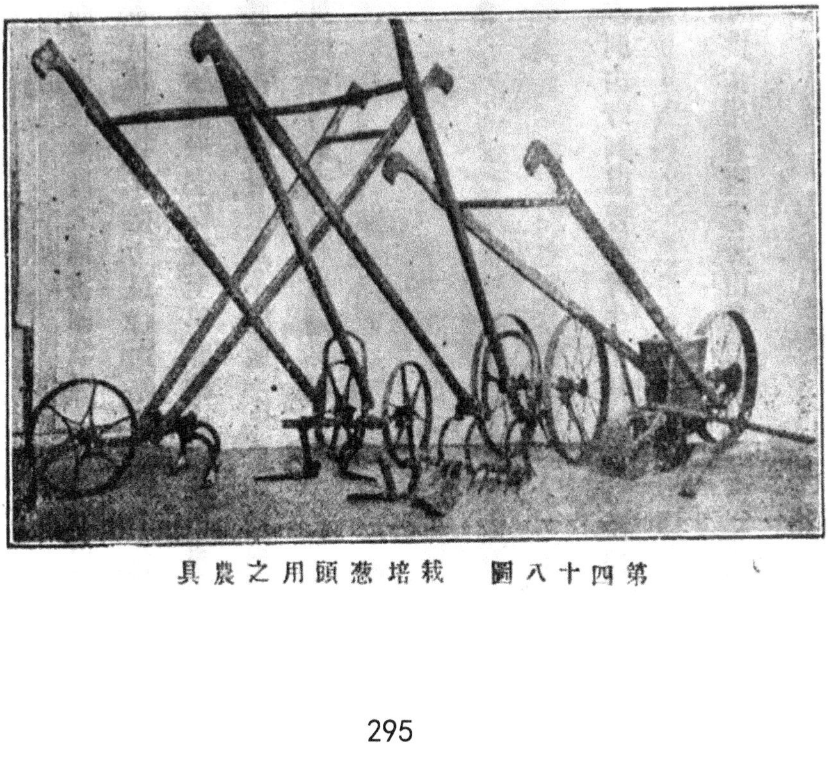

第四十八圖　栽培葱頭用之農具

前，可撕去或切去。惟須貯藏之鱗莖，可保留之。

貯藏　葱頭如須貯藏至次春出賣，其貯藏地宜冷而乾燥。在潮溼之地窖，即其溫度在冷點以下，亦易起發芽作用，故貯藏地之乾燥，最關緊要。結冰並不足妨害發芽能力，惟時而結冰，時而融化，最足使鱗莖變軟而發芽率減低。若在初冬即已結冰，則此結冰情形，宜保持至早春。結冰融解後，葱頭即不能久藏，以出賣愈早愈佳。貯藏時堆積不宜過高，應分布為淺層，至高不能逾一尺至一尺半。置於木桶中貯藏亦可，惟其上須有穿孔，以為通風之用。外國種葱頭者，並特設通風棚。

第十章　百合

學名 Lilium tigrinum and L. concolor

英名 Lily

產地　為東亞原產，歐美諸國不多見，而我國及日本則山野到處皆有野生。今栽培之地亦到處皆有，如南京亦為著名產地。

用途及品種　百合種類雖多，然多取其花供觀賞，可供食用者，惟卷丹、山丹二種。此二種之鱗莖味極美，不僅煮食，可乾之以製一種食品或澱粉。亦有以之作醫藥者，可療咳潤肺云。

風土　喜溫暖乾燥之氣候及高燥之平地或傾斜地，雨多或排水不良之地，均易罹病害。表土深之砂質壤土最宜。

栽培法　栽培法卷丹與山丹不同。栽培卷丹，先設種床，上鋪腐壤，播鱗莖。冬時須覆藁以防寒。至翌春發芽成長，床間宜行中耕，培以油粕粉末一二次。經一年，大如雞卵。至翌年秋季，先耕定植地，施以堆肥油粕等。設幅二尺五寸之畦，於畦上每間八寸至一尺，於生長一年之鱗莖植之。定植後，夏乃開花。欲鱗莖大，則勿任其開花，又勿使其多生鱗莖。如供繁殖之用，鱗莖宜酌留花，則終以不開爲良。故見花，必將其梗摘除。至秋季莖葉枯萎，採掘鱗莖，最大者已可出售。但於原地施堆肥油粕等，每間八寸至一尺移植之。經年鱗莖益大，至三年之秋，已適採掘。其矮小者，須更移植之，再經一年，然後全收。其鱗莖抽莖二三本者甚劣。分裂鱗片插植之，亦可繁殖，然不若用全鱗莖之善。亦有用小鱗莖者，則鱗莖分裂數個而分生數莖，其質不美。但用生於葉腋之鱗莖，則收期稍遲，品質極佳。定植地之畦幅，宜寬一尺五寸。於畦上每間四五寸植之，培以堆肥油粕。但所植鱗莖，多秋季所得，故至翌年晚夏，始可採收。繁殖之，則宜於六月中掘取鱗莖，插植其莖身，使生多數小鱗莖，以供繁殖之用。通常採收期，爲七八兩月。培植山丹，亦以得鱗莖爲主。任其開花，不任其結實。花有豔色，花戸需之。栽培者俟其花開，截而出售。

第十一章　薤

學名 Allium bakeri

英名 Scallion

產地　爲東亞原產，歐美栽培者不多見。我國自古栽培，而以江西、湖南爲最盛。

用途　鱗莖可炒食，可醋漬，可鹽漬，可蜜漬。用途甚廣，食之更有治夜汗之效。

風土　喜不過溫暖潤濕之氣候，不擇土質，不論何地俱可栽植，而以排水良好之壤土或壤質黏土最合於其繁茂。

輪作法　此作物可以連作，能變換土地栽培之更

第四十九圖　薤

佳。其栽植適期甚長，可爲馬鈴薯、粟、黍、陸稻、小豆、豇豆等之間作。其後作以蘿蔔、蕪菁、白菜、麥類爲宜。

栽植及管理　栽植適期甚長，自六月上旬至九月中旬可隨時行之。早植者分蘖多，遲植者分蘖少而大者多。種薤宜取形大者。栽植前整地作畦，施基肥。畦幅一尺五寸至二尺，株間八寸。每處植鱗莖一個，則可得大形者。如爲醃漬原料不欲其大形者，可於一處植三球，則可得多數小形者。生育中行中耕二三回，隨時除草。又翌年六月頃其勢力漸衰，相隣接之株之葉若互相縛束，則葉之養分悉集於鱗莖，有使其肥大之效。

肥料　宜以氰素肥料爲主。施時堆肥與人糞尿合用最爲相宜。以此二者爲基肥，多量施之，則分蘖盛，可得多量之小鱗莖。惟施用之量太多，往往致莖葉繁茂，不僅減少收量，且足誘致病害。故欲得大形之鱗莖，可以不施基肥，於十二月至翌年二月下旬之間，每畝以人糞尿與水對滲，施用十四五擔可也。

收穫　收穫時期爲自六月至九月頃。普通以葉將枯時爲最適期。葉枯後如不採收，則鱗莖開裂；不剝去外皮，則外觀不美，難於販賣，因之收量不免減少。收穫後，移入室內，卽可調製之以供食用，或出而販賣之。

第十二章 大蒜

學名 Allium sativum

英名 Garlic

產地 原產於亞細亞西部，栽培起源甚古，約在二千年以前。其後自蒙古傳入我國。

用途 蒜之葉於柔軟時，可供食用，謂之蒜苗。其花梗亦可供食，謂之蒜薹。最後以鱗莖供食，謂之蒜頭。故蒜之爲物，終其一生，殆無不可食。全部俱含辛味與臭氣，北人最喜生食，而與有腥氣之肉類（如羊肉、羊血）共煮之，得以除其臭氣。睡眠前食之，得以防寒。腹痛時與飯共煮食之，有治愈之效。

第五十圖 大蒜

栽培法　北方天寒，於二月下旬頃植之。南方則於八九月頃植之。其栽植概用鱗莖。一鱗莖內包有數個，可剝去其皮，一一分離用之。先整地施基肥，作三尺許之畦。一畦上栽三行，株間三寸許。發芽後除草中耕務力行之。冬季如嚴寒，當用草蓋之。追肥施用數回，則發育佳良。其嫩葉亦可摘食。至七八月頃葉枯凋，即可採收鱗莖，曬乾之，縛束其葉爲適宜大之把，懸諸檐下，可隨時採供食用。且留其一部以爲種用。

第十三章　石刁柏

學名 Asparagus officinalis

英名 Asparagus

產地　原產於歐洲及西部亞細亞。今歐美各國皆產之。我國近數十年始有輸入。惟栽培者多在大都會附近，普通鄉間，不易多覯。

用途　普通以嫩莖供食用，或煮食或爲罐頭。歐洲各國，習尚互異，其所嗜嫩莖之狀況，亦微有不同。例如意大利以地上莖伸長四五寸變綠色時採收；法國普通喜赤色或紫色之嫩莖；荷蘭、比利時則以新鮮軟化品爲貴是也。

風土　不甚擇氣候，寒暖二地俱宜。因其根埋於地下，頗不畏霜雪之害。其根亦甚耐冬寒，雖其生育期之大部在寒季中，但遇夏季炎熱，亦屬無妨。且能耐亘旱。凡排水佳良之地，皆甚適宜，但最佳者，當推肥沃而有適度溼氣，且表層甚深之壤土、砂質壤土、黏質壤土等。

播種　石刁柏最易由種子生長。播種時期，宜在早春氣候變好以後。先播於肥沃之苗床。若行條播，行間宜闊一尺一二寸至一尺四五寸。行間宜略撒蘿蔔種子，以顯明石刁柏之分行，因石刁柏出芽甚爲遲緩，非此不易行中耕也。苗床在第一季，除草宜盡，耕地宜精。第二年春季，即可長至相當大小，以合於移植於圃地。

第五十一圖　石刁柏

移植　石刁柏圃地之選擇，須前作爲中耕作物而施肥又甚多者。春季四月至六月，爲移植最佳之時期，秋季切不可行移植。先將土地深耕，然後以根頭埋於地下六七寸。若埋之過深，春季出土必甚遲。埋之過淺，又易衝出地面，妨害耕作。行間宜闊三尺餘，以便使用中耕器。株間宜在一尺半左右。其根在土中之佈置，宜作圓錐形。

管理　第一季之中耕，宜有一定之時期，其土宜向植科堆壅。第一季之末，地面之苗，宜高二尺半。秋季苗死，全田皆須行中耕，深度約三寸許。次春氣候及地面

第五十二圖　夏季中石刁柏在土中生長之狀

情形適宜時須再行中耕一次。第二年春季，可割數莖，但非至第三年春季，不宜行總收穫。第二年中耕，其方法完全與第一年同。割莖之時期，北方在六月中即須停止，南方尤須停止稍早。此時全田之行間，亦宜中耕，深約二寸半。並須以腐熟之廄肥行追肥一次。施追肥以後，如有苗發出，須速作蔭蔽之，並除去一切雜草。施追肥之時期，有在秋季者，但以夏末施放爲最佳。蓋施下較早，植物能預備較爲充分，以爲次春生長之用。田地若管理良好，可連作二十年，勿須更換。至少有一年之育苗，可以節省。

雄株與雌株　據美國俄亥俄（Ohio）試驗場之試驗，謂雄株不能結種子，但其所產之芽筍量，較雌株約多一半，且其芽筍亦較肥大，在市面之價值亦較高，故栽培石刁柏，應盡量採用雄株。

收穫　如以鮮芽筍出賣者，可自地下二寸之處切割。倘須取其全部軟白者，芽筍切割之處，須再下一二寸。欲使芽筍軟白，可於行間將土耕起，向其株上堆壅，行間則留一深溝，畦脊至少須比畦溝高出一尺。

第十四章　土當歸

學名 Aralia cordata

英名 Udo

產地　爲東亞原產。我國自昔栽培爲藥用。日本則用軟化栽培法，取其嫩莖爲蔬菜。歐美近年自日本輸入，栽培亦盛。

用途　其嫩莖可煮食或生食，亦可用鹽漬。

栽培法　土當歸爲春季蔬菜，栽培極易，其軟化法亦不須特別管理。一方地栽植後，每年春季採收，可亙續六年以上。在溫室溫床或冷床中，於三四月可用種子下播。深可二三分。苗高二三寸時，可移植於圃地。行株間三尺至三尺半。至秋季時常高至五六尺。若欲繁殖特別之種系，可於青莖之徑約三四分時，切其下部者約五寸許以爲插枝。肥壯之嫩莖出土時，即可行軟化。在溫暖區域，可以土向莖際堆壅。家庭蔬菜園，僅用瓦管覆之。惟此法頗易妨莖葉之伸長，最好每株用瓦管圍繞之。無論何種方法，均不宜有透露日光之縫隙，否則嫩莖轉綠，易失其特異之香味。生長適當之嫩莖，須三年之株採收者長須一尺至一尺半，基部之徑五分至一寸。春季嫩莖採收後，其所遺之根冠，不宜以土覆之。夏季應任其生長，惟不宜聽其開花，一見有結花苞時，即須摘之。

第十五章　筍

學名 Phyllostachys sp.
英名 Bamboo sprout

產地　竹爲東亞原產，我國印度、日本多產之，西洋則無之。我國自古栽培，南方到處皆有竹林竹園，北方則不多見。

用途　筍爲竹之初出地上者。無論何種之竹，其筍皆可供食用。惟形有大小，品質有優劣耳。或以鮮品煮食，或乾燥鹽漬貯藏。近年製爲罐頭運銷外洋者亦不少。

品種　普通爲採筍而栽培之竹，有孟宗竹、淡竹、苦竹三種。孟宗竹之筍曰茅竹筍，淡竹之筍曰淡竹筍，苦竹之筍曰苦竹筍。又有依其採掘時之狀態而與以特別之名稱者。如夏季掘竹之嫩鞭曰鞭筍，冬季掘未出土之嫩芽曰冬筍或苞筍是也。

風土　喜溫溼之氣候。必須擇風少之地栽植之。位置以向南或東南日光充分透射之處爲宜。土質最須肥沃之黏質壤土，次爲壤土，若砂土及礫土，切宜避之。表土須深，排水務須良好。否則非僅不能得肥大之筍，且竹之壽命亦難久長。故竹園周圍宜掘深二尺餘之溝，以便排水及防根莖蔓延至園外之用。

栽培法　繁殖概用分株法，間有用插條法或播種法者。欲行分株法，當先擇定親株。親株以二齡許之幼竹直徑二寸以上者爲佳。將此親株留下部八尺至一丈許切去其先端，務使多帶根莖部及土掘取之。以後之生育，可望其佳良。春秋二期俱可栽植。春以二月中旬至三月下旬爲適期，秋以九月中旬至十月下旬爲適期。南方梅雨時期亦可栽植。大概暖地宜秋植，寒地宜春植。每畝地以植二十株至二十五株爲最宜。親竹栽植後，起初產量頗豐，經過四五年，遂漸次減少。此類老竹，務宜伐去之而代以新竹。採伐期以十月十一月爲最宜，十二月至一月中旬次之。老竹採伐前，當預留筍若干，使其長大爲竹，以補其缺。其法當筍旺盛之初期，依欲伐採親竹之數，留肥大之筍於相當位置，可也。欲求筍之發育肥大，其上端須以刀削去之，以節養分。根莖必須植於溝中或堆覆塵土或河泥，勿使露出地上而飽受風霜。如有雜草，更當努力除之。日照良好之處，如根莖不深入土中，則筍之生長甚速，自十二月下旬，卽可採收其小形者，此卽所謂冬筍。春季筍出產期，在江浙地方，初期概在四月上旬，最盛期在四月中旬，終期在五月中旬。

第十六章　茭白

學名 *Zizania aquatica*

英名 Water oat

產地　我國栽培極古，且野生亦所在多有。他國未聞有栽培之者。南方利用池沼，河岸汙湖，或水田栽培。北方水澤甚少，鮮有栽培，然有水利之處，亦大可種植。

用途　生啖煮食皆可，用途甚廣。其質柔軟，無纖維。老幼食之咸宜。

栽培法　氣候不甚選擇，土質以富於有機質之黏壤土之水田爲最宜。如爲利用土地或非專行栽培者，則種之於池畔池岸均無不可。繁殖概依分株法，四五月頃耕起土地施廄肥等以爲基肥。閱一星期灌水數寸，再細爲耕耡耙平，乃自舊株取新出之苗植之。每株一苗，行距株距俱二尺許，惟種二行須留二尺寬之通路，以便採收時之踏入。田之肥沃者，距離稍廣亦無妨。種植後隨時除草，至分蘖已盛卽可中止。肥料宜分施人糞、畜糞、水藻等數回，務使土地肥沃，俾其充分繁茂。老葉隨時剝去。至八月分蘖茂繁，滿布田面，開始生茭白。九十月達旺盛期，至十一月卽告終。乃清理其莖葉，使翌年之生育良好。至三年必須更新之。如能每年更新，則收量雖較少，而茭白甚肥大。故欲得佳品，宜每年取新苗植之。如於其地冬季欲另種作物，則掘起其根株，安放之於河岸，翌春發葉時，再取而種之。茭白每畝可收二千斤許。

第十七章　濱菜

學名 Crambe **maritima**

英名 Sea-kale

產地　原產於我國及日本，歐美少有栽培者。

用途　春季其嫩莖軟化後，即採以供蔬菜。

栽培法　最需土層深而肥沃潮溼之土壤。遇適宜之風土，其勢力可維持數年之久，而得優良之結果。行株間距離，約與大黃菜同，大致爲二尺餘至三尺餘。嫩莖在春季時須施行軟化。軟化時可以鬆細土向根際堆壅，嫩莖於其中生長，可不受日光而白嫩。在葉芽開裂前，即可供食用。繁殖或用插根，或用播種。插根法採收較速。春季可切強健之根長三四寸，植於潮溼之土壤或苗床中，不久即可得肥嫩之莖。播種者三年之後方可切根以供繁殖。所謂種子，實爲菓莢，每一種子可生四五株。播種時勿須去殼。初育於苗床，一年後移植於圃地。在優良土壤，達切根年齡時，可維持其勢力五年至八年。如發現有衰竭之趨勢，則須另行播種以易新株。在北方雖能耐寒，但在秋季地面仍須用草或肥料護之。如欲行促成栽培，可用溫床或溫室，亦如栽培大黃菜然。其葉圓形，頗似甘藍葉，亦可供食用。花簇白色而大，皆甚美麗，惟栽培以作觀賞用者則無之。

第五十三圖　濱菜

第十八章　球莖甘藍

學名 Brassica oleracea var. Caulo-rapa

英名 Kohlrabi

產地　歐洲及加拿大產之，美國亦有栽培，我國無之。

用途　此菜近地面之擴大球莖，可供蔬菜用，亦如蕪菁，而其香味則過之。歐洲及加拿大並以之充飼料。

風土　此菜耐寒力極強，為寒季蔬菜，適於春季或秋季之栽培。土質以肥沃之壤土為宜，並須排水優良。

第五十四圖　球莖甘藍

栽培法　栽培法或用移植或用直播。移植法先播種於温床然後移植於圃地。直播者於早春地面可以耕作時播之。行間宜爲一尺至二尺半，株間宜爲五寸至七寸。中耕宜早。供蔬菜用者宜取早熟之種。其供食部分一達成熟，即宜採收。若其生長期延長過久，則內部易變粗硬。生長迅速者，品質乃優良。

第三編　葉菜類

葉菜類種類繁多，爲各種菜類之冠。其主要者，又可別爲以下數類：

(一)甘藍類　甘藍　抱子甘藍　羽衣甘藍

(二)熟食類　白菜　雪裏蕻　芥菜　大芥菜　菠菜　茼蒿　莧菜　大黃菜　白菾菜　蕹菜

(三)生食類　萵苣　苦苣　野苣　獨行菜　蒲公英

(四)香辛類　葱　韭葱　絲葱　分葱　韭　芹菜　旱芹　芫荽

以上分類法，不過爲歸納之便利，除甘藍類外，概以主要用途爲標準。其實熟食類有時亦兼可生食，生食類有時亦兼可熟食，香辛類有時亦兼可生食或熟食，非有劃然之鴻溝也。

葉菜類概柔軟多汁，生長迅速，每需多量之水分及肥料。故其生育期中，須勤於灌水及施肥。肥料以速效之氫肥爲主。如施稀薄人糞尿及油粕水爲追肥，最爲相宜。

葉菜類因含水分過多，易於凋萎。但蔬菜類以新鮮爲尙，而以葉菜爲尤甚。優良之葉菜，絕不宜現有枯萎之情狀。因此之故，葉菜類之栽培，每爲近市蔬菜園之專利。若嚴格言之，在普通市面，實難購得眞正新鮮之葉菜。此所以許多欲食新鮮蔬菜之人，常自闢土地，自行種植，以成家庭蔬菜園也。

雖然，葉菜類中，亦有不易凋萎，可栽培於遠市蔬菜園者，如結球堅硬之甘藍類，黃芽菜，菜柄闊大之大芥菜、白菾菜，及葉莖軟白之葱、韭等是也。

葉菜類概須生育強健，供食迅速。故除勤於灌水及施肥外，亦須注意中耕，除草及其他一切管理。又因其多爲短期或半季蔬菜，宜以二種以上行同時間作或接續間作。最須注意者，即一達供食程度，須立以敏捷手段，加以採收，方可獲經濟上最大之利益也。

第一章　甘藍

學名　Brassica oleracea

英名　Cabbage

產地　甘藍之原產地爲歐洲。如法國、丹麥，及英國之南海岸，現在尙有野生者。我國近來北京、上海及其他大都邑附近栽培尚盛，鄉間則不多見。

用途　甘藍富滋養分，大有營養價值。且富於燐之成分，足爲清血劑。歐美無白菜，此菜在彼國之位置，亦猶白菜之在我國。周年供給，無時或缺。其用途有多種，而以煮食爲主。近年鹽漬醋漬，亦大風行，其外部之葉可作爲家畜飼料。

風土　甘藍喜冷涼濕潤且溫度變化少之氣候。逢旱魃則葉球小，甚有阻礙發育，早行抽梗而不結球者。暖地莖葉繁茂，結球爲難。故必須行秋播，避去夏季之炎熱。土質以肥沃而有適度濕氣之黏質壤土或砂質壤土爲最宜。早生種適於稍輕鬆之砂質壤土。中生種及晚生種適於黏質壤土。砂土黏土生育俱非所宜。過輕鬆之土，直根易致過度伸長，往往使莖葉繁茂，結球爲難。反之緊實之土，直根不能徒長，莖之伸長亦不致過度。且鬚根繁茂，吸收多量之水分與養分，葉得相當之營養分，發育迅速，結球自較易也。

第五十五圖　甘藍

輪作法　務宜避忌連作，而於病蟲害多之地爲尤然。甘藍之定植期及收穫期因播種期與品種之早晚而不一。故其前後作物亦有多種。其前作物不論寒地暖地，如秋播者概爲陸稻、粟、黍、蕎麥、大豆、小豆、胡蘿卜、葱芋、蘿蔔等。初春播者爲春蘿蔔、葱、雪裏蕻、茼蒿、菠薐等。晚春播者爲麥類、馬鈴薯等。其後作春播者暖地爲豌豆、蠶豆、菠薐、茼蒿等。寒地爲豌豆及麥類，或秋季休閒，至翌春栽培菜豆、早胡蘿蔔、芋、馬鈴薯亦可。秋播者暖地以菜豆、茄子、瓜類爲最宜。如以水田爲甘藍栽培地者，則以稻爲其後作亦可。在寒地以葱、蘿蔔、蕎麥、黍等爲宜。

播種　在幼苗移植前約五六星期，可播種於苗床、温床、温室或木箱中。大粒種子在下部採收者，能結卷心之葉球較大。苗床中行間宜闊六分。行中每距一寸，下種四五粒。覆土深二分，然後緊壓之。在春季霜期已過，氣候已和暖時，幼苗不宜久留苗床中，可移之於圃地。行距二尺半，株距二尺。如此在幼苗時，中耕除草均可便利。遲熟甘藍可用生育期間較長或中晚之品種。遲熟種之育苗，多在室外普通苗床。有時且有直播於本田而行間苗者。惟法易遭蟲害，仍以播種於苗床而行移植一次爲佳。欲甘藍收穫時，能繼續供給市面，可每間十日或兩星期播種一次，至七月中旬爲止。

移植　移植甘藍可先於苗床將幼苗掘起，最須注意勿傷害細根。乃置於籃中，以水將根潮溼，並以濕布覆之，使不致於枯萎。移植時期以曇天爲佳。若土壤過於乾燥，可以穿孔器在土面穿一淺孔，先澆以水，然後植苗穴中。於是覆之以土，使達第一葉爲止，再以手將土緊壓之。更以乾土覆於其上，以防過度之蒸發。用此法栽植幼苗，少有枯萎者。在雨後移植，亦甚適宜。

管理　甘藍定植以後，至成熟以前，常須行淺中耕。惟中耕次數，亦不宜過多。每次下雨之後，宜將土面攪動。釘齒中耕器，最合於用。在乾燥之季，以穀草將苗覆之，可結葉球較大。

病蟲害　病害有根畸形病、黑腐病、粉霜病。蟲害有甘藍蝨、象鼻蟲、根蛆蟲。

收穫及貯藏　栽培甘藍鮮賣者，宜盡力在秋季採收出賣。非不得已，不可貯藏。因貯藏若不得法，每腐壞甚多。氣候潮濕或當結冰時，切不宜行貯藏工作。貯藏之甘藍，以未完全成熟葉球，微帶柔軟者爲佳。其地窖宜冷濕。甘藍葉球，可以淺盆貯之，而置於其中。亦有殯埋葉球於窖中者。若藏之於田間，則宜掘土作長狹坑，甘藍置入後，並以穀草泥土等覆之，以防劇烈之凍結。貯藏甘藍之祕訣，在利用冷濕之氣候，而又不有過度之潮氣。外圍之葉及根莖等，非在出賣時，不必除去。

第二章　抱子甘藍

學名 Brassica oleracea var. capitata

英名 Brussel sprout

產地　抱子甘藍盛產於英國及歐洲，美國僅大都會附近有之，我國亦然。

用途　其嫩葉球可如甘藍或花椰菜煮食之。

栽培法　氣候以溫和之冬季，最爲適宜。土壤之嗜好，與晚甘藍或晚花椰菜同。肥料亦如之。栽植時行株距須廣闊，以便有充分發育之地位。普通行株距爲二尺至三尺。幼苗至六七月卽須行定植。中耕亦與甘藍同，見芽時卽宜開始。在嫩葉球將採收前，下部之大葉須摘去之，以促成嫩葉球之肥大。摘葉可用快利之小剪。在露地栽培者，冬季可採收二三次。最初長成之葉球，多近於地面，以後莖漸伸長，上面之葉球，亦隨之發達。第一次採收之葉球，須擇其已老熟者，大約在葉球之直徑爲半寸至一寸時。以後則隨葉球發育之程度而定。其冬季留於地面易受損害者，可將全株連根帶土掘起，植於地窖或地坑中之砂土，以保其潮潤。如此嫩葉球可繼續保持數星期之久。

第五十六圖　抱子甘藍

第三章　羽衣甘藍

學名 Brassica oleracea var. acephala

英名 Kale or Borecole

產地　美國栽培最盛，歐洲次之。我國近年亦有輸入。

用途　此菜頗似甘藍，惟不結球，有肥厚之葉叢，供早春及晚秋之青菜用。

風土　此菜頗能耐寒，南北皆可栽培。北方栽培者冬季雖在露地，亦無妨害。其葉在早秋常甚粗糙，至晚秋經數次降霜後，卽變爲柔軟。所好土壤，與甘藍同。

栽培法　播種概行條播，行間一尺半至二尺。間苗後株間視品種由八寸至一尺半。全季之中耕，與甘藍同。播種期約在九月頃。畦面作起後，播種一行或數行。秋季生長甚盛，冬季或早春市面蔬菜缺乏之時，可隨時採收以供販賣。若採收時適値結冰，宜先用冷水融之。

第四章　白菜

學名 Brassica chinensis

英名 Pickled green

產地　我國歐洲及西比利亞俱產之，而栽培最廣，品種最多，且最優良者，厥惟我國。西洋栽培甘藍雖多，而栽培白菜者殆無之，惟近年自我國輸入種子，稍見有栽培耳。至日本之白菜，亦悉自我國傳去者也。

用途　白菜之用途，以煮食與醃漬爲主，亦有乾燥貯藏之者。自其外層剝落之葉，可以飼豬或他種畜類。

品種　白菜之品種，可分捲心種、普通種、及塌地種三類。捲心種有北京白菜、大沃心白菜、山東白菜、芝罘白菜、黃芽菜等。普通種有山東菜、高脚白菜、南京高白菜、南京矮白菜等。塌地種有烏塌菜、瓢兒菜等。

第五十七圖　黃芽白菜

風土　氣候以冷涼潤濕者爲最宜，捲心種於生育末期冷氣遞增，最爲佳妙，故概於秋期栽培。惟喜適度之降雨，但播種發芽未久，如遇強雨，大害其生長。不論何地俱可栽培，但欲得優良品，宜種於砂質壤土或黏質壤土，而尤以捲心種最喜黏質壤土。此外水分亦爲其生長之要素，土壤須能保持水分，並須隨時灌水。

輪作法　連作亦可，然如病蟲多之地方，以避之爲宜。秋播者其前作爲胡瓜、西瓜、南瓜、大豆、洋葱、早稻、茄子、菜豆等。其後作則爲麥、蕓薹、甘藍、洋葱等。如普通種及塌地種亦有於冬季栽植至春季收穫者。其後作凡春季可栽之作物俱宜。

整地　播種或移植之先宜整地作畦。濕地作高畦，乾地則作低畦。畦幅普通種與塌地種一尺四寸至一尺八寸，捲心種與普通種之巨大者二尺五寸至三尺。株間普通種與塌地種八九寸至一尺。捲心種一尺五寸至二尺。

播種期　播種期有秋播春播之分。春播，在城市附近，需要四時不絕者行之，一般概行秋播。秋播時期依氣候之寒暖與其種之捲心與否而異。暖地普通種與塌地種宜九月中下旬。捲心種八月下旬至九月上旬。北方寒地普通種八月中旬，捲心種七月下旬至八月上旬爲適期。中部地方南京、上海等處普通種與塌地種宜八月下旬至九月上旬，捲心種宜八月中旬。春播惟普通種行之，其時期爲自三月上旬至四月上旬頃。

播種法　苗床播種概用撒種法。如直播者，則畦作成後施基肥而行點種。一處播五六粒至十粒。條播施基肥後，薄覆土而播種子於土上。播種後種子上宜薄蓋土且蓋稾或刈草於其上，以便澆水而防大雨之打擊。如播種於苗床者，則發芽後經十六七日本葉四五片時卽定植之。當掘取之時，如捲心種嬌弱者恐因移植而大衰弱，根上能附土掘取固甚佳，但普通不必如此精細，能於四五小時前將苗床以水澆透而後一一仔細拔起之可也。

肥料　宜多施氰素肥料。燐酸及鉀依可以增進其品質，亦當稍施用之。普通施用之主要肥料，爲堆肥、廄肥、人糞尿、油粕、大豆粕、糠、過燐酸石灰等。廄肥、堆肥不但直接能供給養分，且能增進他種肥料之效果而使土壤膨軟，故常施以爲基肥。油粕與人糞尿，常用以爲追肥。人糞尿能使葉質軟薄，油粕能使葉軟而色濃。

管理　白菜發芽後，其上所蓋之稾草卽宜除去以免徒長。既發芽後不論播於苗床與直播者，均須間拔。直播者如無蟲害暴雨之時，間拔一次卽可了事。否則須分數回行之。普通概分二回或四回行之。末次間拔時一處只留一株。發芽或移植後宜充分灌漑，以防凋萎。幼苗發生後十日內外無須灌水，以促苗根之吸水方。此後每隔十日灌水一次。若氣候乾燥隔二三日至四五六日卽須灌水。中耕視土壤之性質及氣候之如何而行之。除特別情形外，平均八九日一次。約四五次，株已長大，可不必再行中耕。及至葉部發達滿蓋畦面（約在霜降節）將行捲心之時，以藁縛束其上部，導日光於根邊，以助其生育，且使捲心容易，免霜之侵害其心與外葉之脫落也。

病蟲害　蟲害完全與蘿蔔相同。至病害有腐敗病、白澀病、斑病、及白斑病等。

收穫　城市附近，需要隨時不絕，普通種未及十分長大可隨時收穫販賣之。至捲心種或普通種之爲醃藏者，達適度之大始可收穫。普通秋播者自播種後三個月至四個月卽可收穫。暖地晚生種可繼續採收至一二月頃。如在寒地則至十一月上中旬止，不可不收穫完畢。南京普通種自十月至十一月下旬收穫。其後繼之以塌地種。塌地種之遲種者，越冬至次春長大販賣。收量捲心種五千斤至八千斤。普通種之大者亦可得此數。其小者及塌地種則可得四五千斤。

第五章　雪裏蕻

學名 Brassica chinensis var.

產地　我國各地自古栽培，而尤以浙江之寧波、紹興爲最盛。

用途　其用途以鹽醃與製菜爲主，亦有煮食之者。

風土　較白菜喜更寒冷之氣候，冬季在南方亦能繼續生長。土質不甚選擇。白菜之適地，雪裏蕻亦最相宜。

輪作法　前作秋播者以棉、芋、大豆、菜豆、番茄、早白菜等，爲最適宜。後作以芋、馬鈴薯、菠菜、大豆、菜豆等爲宜。至春播者概爲早種。其前作如瓢兒菜、菠菜、萵苣、萵苣筍等均可充之。後作與秋播者亦大略相同。

播種　播種期可分春秋二季。如欲在白菜之後收穫者，秋季可較白菜稍遲播之。即暖地十月中下旬，江浙九月下旬至十月上旬。北方寒地九月上旬乃至中旬播之可也。春播者暖地三月中下旬，寒地自三月下旬頃播之。秋冬栽培者概播種於苗床而行移植。即播後經三星期許，本葉三四片時，移植於圃地。畦幅寬三尺，可栽植三行。如欲其十分長大收穫者，株間約一尺許。不待充分長大收穫者，株間七八寸已無不足。如欲直播，則於畦上作淺溝，條播種子於其內，覆土鎮壓之。

肥料　普通基肥、追肥悉用人糞尿廏肥、堆肥等之有機肥料其腐熟者亦可酌量爲基肥施之。追肥於播種後一月頃或移植後經二三星期用之。

管理　十月頃播種者，四五日發芽。三月播種者一二星期發芽。發芽後適度間拔之。中耕於發芽或移植後距二星期許施行一回。以二回爲度。

收穫　秋播及春播者，播種後五六十日俱可收穫。如欲其充分發長，則秋播者可使之越冬至翌春採收。卽秋播者自十一月下旬至翌年三月中旬可隨時收穫。春播者自四月下旬至抽花梗之時可收穫之。收量每畝一千五百斤至三千五百斤許。

第六章　芥菜

學名 Brassica cernua

英名 Mustard

產地　我國自古栽培之，歐美栽培者亦不少。

用途　其種子可爲芥辣粉。當抽花梗時其梗與葉俱可收穫爲醃漬或煮食。

栽培法　此亦爲最易栽培之蔬菜。任何土壤之富於肥料及水分者，皆可栽培。惟須寒冷氣候，方能產多量之青葉。播種南方在九月下旬至十月上旬，北方則在八月下旬至九月上旬。條播撒播均可。施追肥一二次，即可採收。採收法或全株拔起，或單摘葉片。此菜生長迅速，結子亦快，故採收期極短。如以採種子爲目的，可於翌春開花結實，莢黃變後刈取乾燥，揉落而調製之。再使其十分乾燥而後貯之。其收量每畝七斗至一石。

第七章　大芥菜

學名 *Brassica juncea*

英名 Chinese mustard

產地　原產於我國，處處有之。而南方暖地產者尤爲偉大。

用途　花莖煮食甚美。葉可醃可乾，亦可煮食。

栽培法　栽培法大體與芥菜相似。播種期暖地九月中旬至十月上旬。江浙地方九月上旬至中旬爲最宜。普通不行直播而用移植法。先於日照良好之地作幅四尺長隨意之苗床（一畝地需苗床三方丈許)施肥而行條播。條間約三寸。薄覆土。發芽後間拔之,使其株間爲三寸。至五六葉時(十一月乃至十二月頃)定植之。定植時畦幅二尺五寸許,株間一尺。肥料及其他管理,可照芥菜行之。至翌年二三月頃可漸次剝取其外葉。至四月花梗伸長三四寸,可全部刈取之。每畝收量約四千斤。

第八章 菠菜

學名 Spinacea oleracea

英名 Spinach

產地 原產地爲波斯。自此東西傳播。我國至遲在唐時當已有之。歐洲之栽培起源似在第十五世紀。

用途 主爲煮食。乾燥鹽醃者殆無之。惟暮春之老薹沸湯晾過,曬乾備用甚佳。葉莖甚滑軟,味美,根亦有甘味。食之治便祕、痔漏、腎臟病、貧血症等俱有效。

風土 喜冷涼,惡乾燥,故在我國栽培以春秋爲最適。氣候如過濕潤,易致腐敗。富於腐植質之肥沃砂質壤土，黏質壤土或壤土，最爲適宜。卑濕而排水不良之地，除夏季外，概非所宜。

輪作法　前作秋播者爲大豆、小豆、菜豆、豇豆、茄子、番茄、胡蘿蔔、甘藍、粟、黍等。春播者則爲白菜、甘藍、蘿蔔、蕪菁、秋馬鈴薯等。後作春播者與其前作物相同。秋播者則爲夏馬鈴薯、夏蘿蔔、甘藍、葱頭等。

播種　播種概分爲春秋二季，春播期自三月下旬至五月上旬。如我國之固有種，若過於遲播，則未及充分生長而抽梗。故此時如欲栽培宜擇耐寒力弱之圓形種播之。秋播期自八月中旬至十月中旬。南京以十月上中旬爲其最適之時期。除春秋二期而外，外國種中夏季亦有可以播種者。我國之固有種，如在冷濕

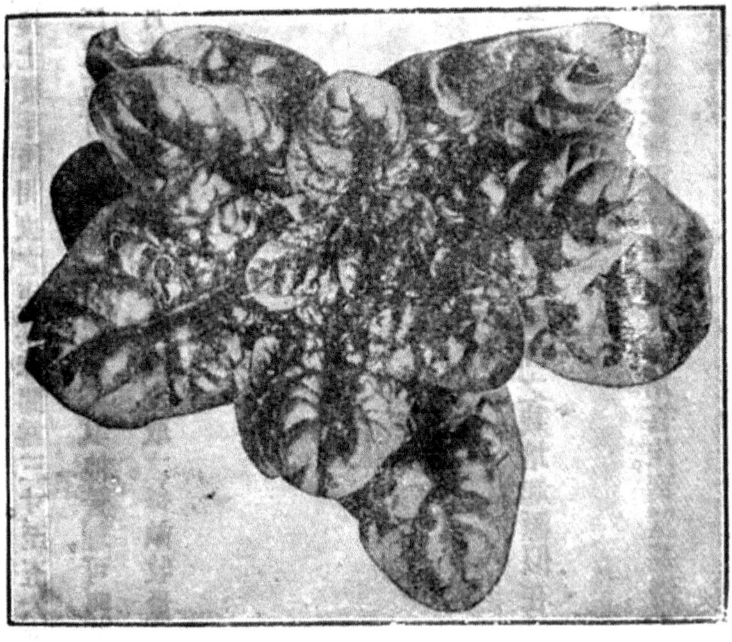

第五十八圖　菠菜

之地，夏季亦得栽培之。播種可分撒播與條播。撒播者畦幅三四尺，施基肥而播種。條播者條間距離八寸至一尺，播種後薄覆以土。在輕鬆土則稍鎮壓之。

肥料　基肥以人糞尿、過燐酸石灰、灰等爲最宜。追肥則用稀薄人糞尿。發芽後經三十日施用一回，秋播者其後經二十日再施用一回。

管理　四月或十月播種者，播後十日許發芽，其後經三十日施追肥。過密部分間拔之。自後隨時施肥水，則迅速生長。寒地欲使其越冬者，則每畦之北面須以高粱稈或蘆稈等編風障。

收穫　秋播後七十日已充分生長，自十一月至翌年四月末抽梗之期間內，可漸次採收之。春播者六十日至七十日充分生長，自六月至七月收穫之。收量平均每畝一千二百斤，豐產時達二千斤。

第九章　茼蒿

學名 *Chrysanthemum coronarium*

產地　原產於我國。西洋未聞有栽培以供食用者。日本約三百年前自我國傳去。

用途　其用途主爲煮食。以其有異香，亦有不嗜之者。食之能消痰安氣，花可作切花以供玩賞，其重瓣種甚美麗。

栽培法　茼蒿栽培極易，不擇風土。而以肥沃濕潤之黏土爲最佳。播種分春秋二期。秋季氣候溫暖時善分枝繁茂。春季播種務宜從早，秋播者九月中旬於三四尺幅之畦上條播二行或撒播。薄覆土，每畝播種量三四升許。七日乃至十餘日發芽。其後隨時間拔，最後使爲五六寸距離。生育中施稀薄人糞尿一二回。無須特別管理。春播期在三月乃至五月間。播種後春播者五十日，秋播百五十日乃至百八十日許。生長達二三寸，即可採收。普通收量春播者每畝八百斤。秋播者一千二百斤。秋播者採收時不必一齊拔取，可漸次摘其嫩頭販賣。春播者抽梗速，故播種後一二個月。雖未充分生長亦須收採之。

第十章　莧菜

學名 Amaranthus mangostanus

英名 Amaranth

產地　原產於東印度，我國各地皆栽培之。西洋栽培者甚少。日本之栽培亦爲近年事。

用途　莧菜之葉及嫩莖皆可煮食。其十分成長之莖，概鹽醃以供不時之需。其老葉可飼牲畜。

栽培法　不宜連作，同一地宜隔二三年始可再種。好溫暖氣候，喜稍高燥而肥沃之地。其需要部爲莖者若植於陰地則以日光之不足，反能伸長而肥軟，而增進其品質。惟終日不見日光之處，則溫度低，發育不良，且病害易發生，亦非所宜。以採葉爲目的者，直接播於圃地或先播於苗床而後移植之。直播於圃地者，發芽不久即須間拔，使保適度之距離。惟以採莖爲目的者，直播易致發育強盛，而分枝往往不能如移植者之肥大，故普通概用移植法。播種者必須移植，因不移植者，結子早。如此則莖未成長而已先結子，妨礙其生長肥大矣。播種自四月初旬至六月下旬，可隨時行之。其種子甚細小，苗床之土宜充分打碎而仔細播下之。其上不必蓋土，而以藁類蓋之，則十餘日即發芽，待其生長至三寸許，即可拔而移植之。畦普通幅三寸而於其上七八寸見方一株栽植之。及其恢復生活澆壅以稀薄人糞尿及灰。自後隨時除草、中耕，并施追肥二三回，則生長迅速。生育中，其下葉必須隨時除去，使全部勢力悉歸莖之伸長，否則分枝生而不能得獨立肥大之莖。莧菜如烹調而食其新鮮品，則自苗秧至結子期隨時可收穫供用。惟欲醃藏者，則必至九月充分肥大而結子時採之。

第十一章　大黃菜

學名 Rheum rhaponticum

英名 Rhubarb

產地　原產於我國，盛植於歐美。

用途　我國栽培之大黃，概以其根供藥用。歐美則取其葉柄以作蔬菜。

塊根繁殖栽培法　用塊根繁殖者，可以其根切成細塊，於腐熟之地植之。普通行間四尺餘，株間二尺半。植塊之深度，須其根冠適在地面下約四寸之處。第一季中耕除草宜勤，次春即可採收其葉柄。其土地宜極肥，每間一季，須重施廄肥。苗伸長後，宜須施追肥。栽植後第

第五十九圖　大黃菜

三四年，每株須用耡切分之，除去一切根塊，只留芽三四枚。若不如此處理，則留芽過多，將來長出之葉柄，必細弱也。

種子繁殖栽培法　用種子繁殖者，種性易變。先須於苗床中育苗。播種在早春，行間一尺許，深一寸許。苗達適度之高，間拔之，使株距約五寸。次秋或次春，移植於整治良好之圃地。亦如用塊根繁殖者然。再過一季，即可採其葉柄供食矣。

第十一章　白菾菜

學名 Beta vulgaris var.

英名 Chard

產地　原產於瑞士，今歐美兩洲均產之，我國亦有栽培者。

用途　此菜之葉及葉柄甚爲肥厚，可作靑菜煮食。

栽培法　此菜栽培極易，凡良好之蔬菜栽培地，皆可植之。早春園地可耕作時，即可播種。播植宜淺，行株間距離一尺至一尺半。中耕與菾菜同。由夏季中至晚秋，可隨時採收。採收時工作須仔細，如此可再生長以供寒季之用。

第十三章　蕹菜

學名 Ipomaea aquatica

產地　爲我國原產之一年生蔓性蔬菜，歐美栽培者甚少。

用途　此菜之莖蔓中空柔軟而色綠葉似菠菜，亦色綠柔軟。可摘而供食，旋摘旋長，故得不絕採收。

栽培法　喜溫暖氣候與肥沃土壤。四月下旬作幅三尺之畦。每距二尺許，點播種子五六粒於一處。及發芽生長，間拔之每處僅留一二株。其蔓至五六寸長時，摘去其先端，則分枝繁茂，可隨時採收其嫩芽。盛夏成長最速，蔓匍匐地面，得多量採收。如欲收種子，不可過採嫩芽，令其開花結實，及完熟收而貯之。性畏霜，至十一月初旬遇霜卽枯。

第十四章　萵苣

學名 Lactuca sativa

英名 Lettuce

產地　原產於歐洲地中海沿岸之温暖地方，我國僅有一種萵苣莖自古栽培，所謂萵苣筍是也。近來有西洋種之葉萵苣、立萵苣、結球萵苣等之輸入，都市附近，皆有栽培焉。

用途　此菜以生食爲主。西菜館所用之生菜，大概以萵苣充之。萵苣筍可炒食、煮食，且可醃、可醬、可乾、可糟。其用途甚大。食此菜後，能使血液循環良好，且有調和神經，治不眠症及利尿之效。

品種　萵苣依其生育狀態，可別爲結球萵苣(Head lettuce)、葉萵苣(Leaf lettuce)、立萵苣(Cos lettuce)、萵苣筍(Asparagus lettuce)等四種。

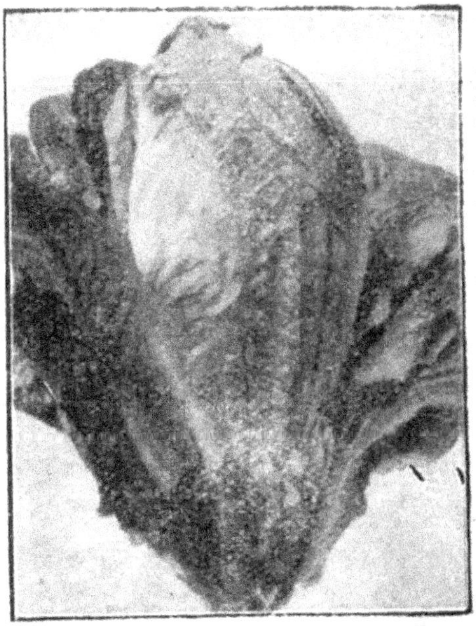

第六十圖　立萵苣

風土　此菜喜寒冷而忌炎熱，不宜於夏季栽培，耐雪之力亦不強。結球萵苣，尤好寒冷之冬季。

中部地方，寒季過短，往往不能使其在炎夏前成熟。如受炎熱之損害，則難以結球。倘結球開始以後，遭受熱害，則葉邊變黃而味亦變苦，皆足減低其品質。土質最喜含腐植質多之黏質壤土或黏土而含有適度水溼者。砂土非富含腐植質及時時澆水，頗不相宜。

輪作法　此菜前後作物，頗不一定。惟因其生育期短，且植科矮小，往往以之爲甘藍、花椰菜、石刁柏等之間作。亦有利用溫床冷床以栽培者。

播種　葉萵苣之播種，分春秋二季。春播概在三月下旬至四月上旬，秋播概在八月中旬至九月中旬。如欲周年供給，則自三月至九月，每月上旬均可播種。萵苣筍之播種，則在十月中下旬。普通先播種於苗床。因種子微小，覆土不宜過厚。播後並宜覆藁類及隨時

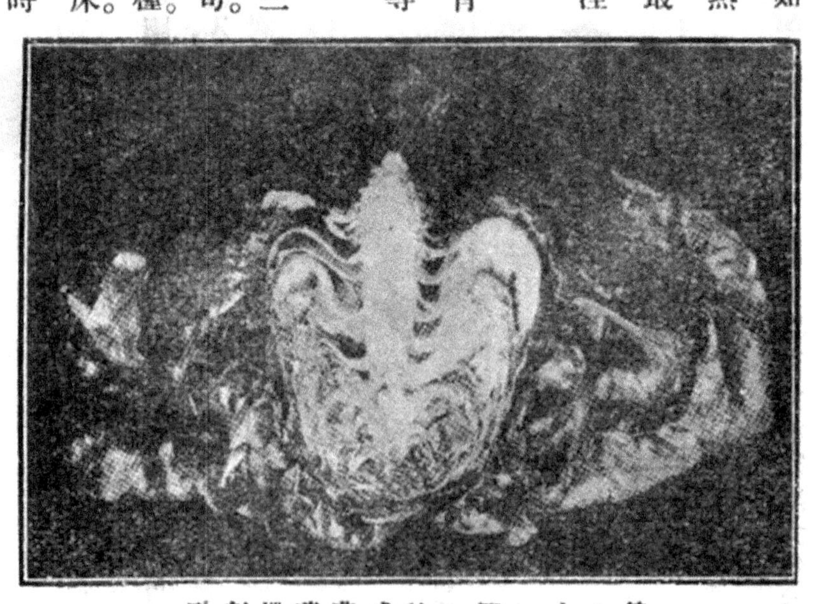

第六十一圖　結球萵苣縱剖形

澆水，如是六七日即發芽。迨心葉發生，或爲之假植，或行間拔使其株距一寸。至生本葉四五片時乃定植之。

栽植　苗達適度大小，即可栽植。先整地作畦，畦幅普通三四尺。施基肥。早生每株方六七寸，晚生八九寸植之。距離若狹，結球較易。若行促成栽培，可於溫床中行定植。

肥料　整地時宜施堆肥、木灰、人糞尿或硫酸錏等以爲基肥。無須追肥。如生育不良，可酌用腐熟油粕汁或硫酸錏液。人糞尿切不可用，以其不潔也。如必欲用之，則於株間作二三寸深之小溝，以有長管之壺注人糞尿於溝中，用土掩之，切勿與葉接觸。

管理　栽植後，隨時中耕除草。乾燥時則須澆

第六十二圖　在溫室中用木框移植萵苣幼苗

水。如欲使之越冬，可於嚴寒以前作藁圍。夜間或寒冷雨日，可以舊草蓆或他種雜物覆之。

收穫　葉萵苣生長甚速，播種後一月，得以定植，其後依品種經四十日至六十日，充分生長，可以採收。採收後易於凋萎，宜即販賣或供食用。萵苣筍則自三月中下旬開始採收，至六月頃告終。

第十五章　苦苣

學名 Cichorium endivia

英名 Endive

產地　原產於歐洲地中海沿岸地方。我國自古即有此菜，惟僅採野生者以供食用，未聞有栽培之者。近年歐風東漸，西菜盛行，都市附近，遂見有其蹤跡矣。

用途　葉之軟白者，可生食，或煮而去苦味食之。味與萵苣異而美。

栽培法　不擇風土，栽培法極爲簡單。普通肥沃之園土，皆極適宜。播種早者在六月，遲者可至八月。行間宜爲一尺。間苗後，株長亦宜爲尺許。若先育苗於淺木框然後移植於圃地亦可。在地面乾燥之區，行移植法尤爲適宜。如此可待降雨地面潮溼而後植之。若施以充分之肥料，並用鋤隨時行中耕，則其植科之生長必強，葉必細嫩。若植苦苣於腐植質缺乏之乾土，且無障蔽者，則必出產少而品質劣。若其葉及菜心陰白得法，則其苦味必甚可口。陰白之法有種種：或以草繩縛外部之葉而捲心於其中；或每株上覆一大花缽；或用七八寸寬之木板架於行之兩側，如芹菜之陰白然，總以頂上不露光爲宜。菜心以愈不見光愈佳。約三星期後，菜心之葉白嫩而皺摺，柔而有特殊之風味。是時卽可採收，以供食用。

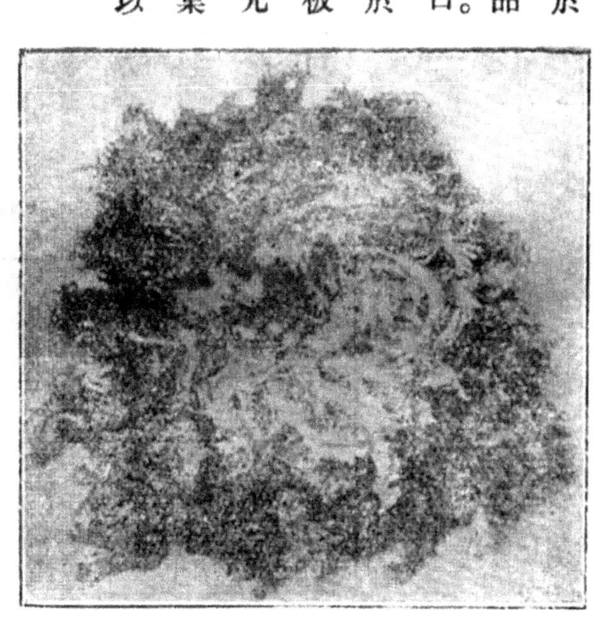

第六十三圖　苦苣

第十六章　野苣

學名 *Valerianella olitoria*

英名 Corn salad

產地　原產於歐洲之温暖地方，及非洲北部。我國除學校及試驗場而外，少有栽培。英美諸國，其需要亦不多。惟法國則栽培頗盛。

用途　主爲生食，多爲冬季之蔬菜，其供食部分，爲種莖未抽發前之根出葉。

栽培法　在春季可如萵苣播種。秋季播種而供春季用者，可如菠菜播之。冬季須略加護蔽。在温暖氣候中，此菜不速抽種莖，即立枯死。如欲產品優良，須行間苗。株距宜爲五寸。播種後約六週至八週成熟。宜爲芥菜或獨行菜之後作，或與之間作亦可。

第十七章　獨行菜

學名 *Lepidium sativum*

英名 Garden cress

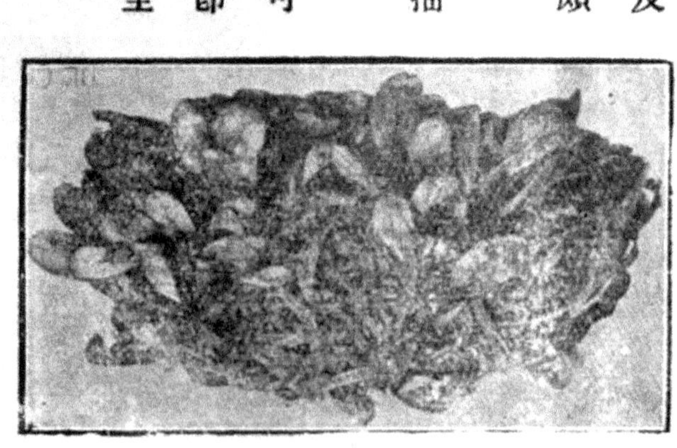

第六十四圖　野苣

產地　爲波斯原產，有旱生水生兩種，現今地中海沿岸栽培甚盛。英國栽培尤多。我國尙少栽培。

用途　此菜之葉綠色，有一種芳香與辛味。可作生菜及香辛料。

栽培法　此菜生長迅速，栽培極易。在早春時可播種於圃地。雖低溫之處，發芽亦快。在潮溼之土壤，及冷凉之氣候，生長迅速。如播種過遲，則因氣候溫暖，難生較多之葉而易於抽薹結子。行間宜狹，約七八寸即可。勿須間拔，惟欲取供食用時，可酌行之。通常全株拔起。其他不須任何特別管理，只須注意早播，水分充足，及從速採收。此因獨行菜之生育期極短，採收後供食之時間亦不長也。播種後約六星期即成熟。

第六十五圖　獨行菜

第十八章　蒲公英

學名 Taraxacum officinale

英名 Dandelion

產地　爲歐洲原產，凡温帶各國皆產之。我國到處自生，四時皆有，少有栽培者。

用途　法國自古採食野生嫩菜，爲巴黎人民重要生菜之一。數十年來，蔬菜栽培者，從事於改良野生種，努力行人工淘汰，今已得與野生全然不同之變種，性甘而香，以供生食，實遠勝於苦苣。我國間採寒天野生者，以供熟食之用。又有於秋季掘其根而乾燥之，以作藥用者。

栽培法　早春播種。本年秋季或次春可以收穫。歐美栽培者，在次春收穫者居多。普通行直播，但亦可行移植。行株間宜爲一尺。如是一年之後，適足布滿土面。喜砂土或砂質壤土。其葉叢常可縛之，以使其內部軟白。用花鉢將每株覆之，亦可得同樣效果。若密植於冷床或溫床，並可促其早熟。其根有時亦可掘起，植於溫床中，以行促成栽培。若照苣菜栽培法處理之，可於冬季充優美之生菜。

第十九章　葱

學名 Allium fistulosum

英名 Welsh onion

產地　原產地爲西伯利亞。歐洲葱頭之栽培甚盛，葱之需要少。我國自古栽培，其需要極多。而以北地爲尤甚。南方依地方之習慣，有不嗜之者。

用途　葱在北地以生食爲主。南方則與肉類共煮或與魚共煎烤而食之。亦有細切而爲香辛料者。在醫藥上可以之爲健胃劑、發汗劑及健腦劑。

品種　有山東大葱、千住葱、一本葱、九條葱、樓子葱等。

風土　南北各地四季皆可栽培。惟其性好冷而不好温。在冷涼氣候之地，常能產出優品。降雨多則不宜於生育。而於採種者開花期逢降雨，尤足以害其成熟。其最適當之土質，爲黏質壤土或腐植質黏土。不論在何種土壤，排水必須佳良。最忌過溼。

栽培法　播種期有春播、夏播、秋播三者。上海、南京一帶，春播三月上旬至四月上旬。夏播六月下旬至七月上旬。秋播九月中旬至九月下旬。北方寒地春播宜五月上旬，秋播宜九月上中旬，夏播可與南京、上海同。育苗有直播移植二法。概行撒播。株距二三寸，光線卽暢通。播種後輕鬆土薄覆土，黏重土則不覆土，以板或鍬鎮壓之卽可。秋播者其土須撒灰以防霜凍之害。更於其上蓋藁以防乾燥與表土之固結。發芽後卽除去之。苗長二三寸至五寸許，密生部須行間苗。南方六七寸乃分而假植之。隨時行中耕除草。經五六十日可以定植。春播者六月下旬至七月下旬，夏播者九月上旬至十月中旬，秋播者三月下旬至五月下旬。栽植時欲爲軟白之葱，當寒冷之季則植於溝向陽之一側，即使其接近溝之北岸或西岸是也。若在温暖之季，則植溝之南岸或東岸以避日光之照射，及防乾燥。如欲得葱白之長大者，每株一本，株距一寸至三寸。惟分蘖力強者，每株數本共植之，以抑制其分蘖，俾葱白得以肥大。栽植畢，溝底宜鋪麥稈、麋芥、堆肥等以防乾燥。如不行軟化而收綠葉者，則株間八寸每株二三本共植之，可得肥大之葉。若不望葉之肥大，只期量多，則株間一寸，一處五六本植之可也。軟化葱之春播者，定植後一百二十日，夏播者二百四十日，秋播者七十五日，可培土終了。於是春播者十一月至三月下旬，可以隨時收穫，夏播者翌年四月至六月收穫，秋播者翌年六月至十月收穫。

第二十章　韭葱

學名 Allium porrum

英名 Leek

產地　原產瑞士。今歐洲各國及地中海沿岸栽培甚盛。其在蔬菜中之地位，與我國之葱相等。我國少有栽培，惟大都會附近，稍見其蹤跡耳。

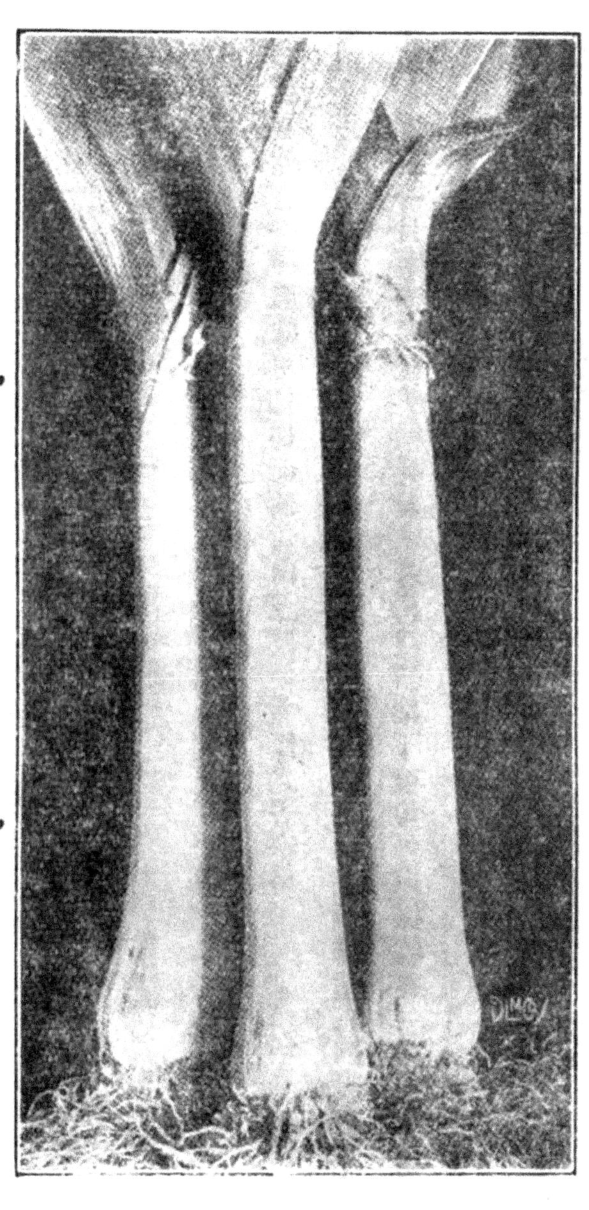
第六十六圖　韭葱

用途　此菜主要在供香辛料，在歐洲常與胡蘿蔔共入於湯中，而增進湯之滋味。

栽培法　播種多行於早春，或於冬季播植於温床。至五六月苗高五六寸時可行移植。此時可將苗之上部剪去一半，然後按行間一尺株間六七寸植之。中耕時宜將土向株之周圍堆壅，以便易於軟白。成熟期約在八月頃。

第二十一章　絲葱

學名 Allium ledebourianum

產地　爲我國原產之葱屬宿根植物，日本亦盛植之，歐美鮮有栽培。

用途　葉質軟，有一種風味。可細切而爲魚肉及其他肴饌之香辛料。

栽培法　以鱗莖爲種球繁殖之。畦幅二尺，株間四寸。九月頃每株栽植鱗莖三四粒。發芽後施人糞尿極能發育。至一月頃遇寒氣葉枯死。及晚春再生新葉，不數旬可以採收矣。一畝地收量得二千斤。

第二十二章　分葱

學名 Allium fistulosum var. caespitosum

產地　與葱同。

用途　與葱同。

栽培法　常以分株行繁殖，當三四月頃收穫之際，擇無病健全者殘留一部分以爲親株。乃將此親株行分株，假植之以爲苗。假植之前，整地作畦，畦幅寬一尺二三寸，株間三寸至五寸，以二三本爲一顆，斜排列而覆土於其根壓實之。其後隨時行中耕除草，則頗能繁茂。至定植期一株可增殖至二十本。如不行假植，卽以親株爲苗亦可。其法於三四月頃收穫之際，選出可作爲親株者，振落其附著之土。以繩編之，掛於通風之處，屆定植期，剝去其外皮及枯葉以爲苗。至九月上中旬整地作畦寬二尺許，株間四五寸。以二三本爲一株栽培之。其後按照葱之栽培法行施肥及中耕三四回。每次中耕時稍培土於株旁，至收穫二十日前，充分培土，使葱白增加。又見有生花蕾者隨時除去之。至三四月卽可收穫。又假植而爲苗者，如有餘裕，九月頃可採而食之。每畝可收三千斤許。

第二十三章　韭

學名 Allium odorum

英名 Cive

產地　爲東亞原產。我國南北各地，無不栽培。爲家常重要蔬菜之一。歐美諸國尙未聞有栽培以供食用者。

用途　夏季隨時收穫其靑葉，與肉類或卵炒食之。秋季其花梗亦可採食。冬春則軟化而供食用。其軟化品名爲韭黃或黃韭芽，富有香氣，爲酒席上必需之和料。食之有助消化與奮精神之效。

栽培法　栽培容易，無論何地俱能生育繁茂。其繁殖可依播種或分株。春季發芽前作畦幅二尺許，栽植四行，株間五六寸。如欲行培土軟化，則株間須一尺五六寸，以便培土。每株植二三球。其後注意除草中耕及施追肥，則同年內卽可充分繁茂。十一月下旬可培土軟化之。早春可以採收。其後新葉四五寸伸長，可自根刈取，是謂靑韭。凡刈取後卽宜施水糞，則不數旬，恢復勢力，仍行生長，可再採收之。如是一年可收四五回。如欲採收種子者，則第一次採收後，當任其繁茂。自栽培後至五年，根滿蟠結而株勢衰弱，當行分株，以恢復其勢力。

第二十四章　芹菜

學名 Apium graveolens

英名 Celery

產地　原產於歐洲南部，埃及及印度高加索等地方。我國自古栽培之。近年外國優良品種輸入，栽培更盛。

用途　此菜多用以與肉類共炒或煮熟，以醬油醋拌食為主。其花亦可供食。

風土　氣候喜冷涼而有適度之水溼者。生育期甚長，在北方多植為夏秋蔬菜，南方則植為冬季蔬菜。最喜潮溼肥沃

第六十七圖　軟白之芹菜

之土壤。排水必須佳良。乾旱區域，雖可以人工行灌水，但仍以天然良好之氣候土宜，方合其栽培。

品種　有早晚二種。早熟種在氣候情形好時，卽須定植，通常在五月一日左右。生育期全在夏季。八月內卽可採收。但必須氣候涼爽，水分充足，方能如此。晚熟種則於六月至七月十五日之間定植於田間。芹之生長，既極遲緩，故在許多地方，雖播種極早，亦不能在炎夏前成熟。設芹之生育期，大部在熱季中而又缺乏雨水，則不特產量甚少，品質亦必惡劣。惟炎夏過後，復遇秋雨及冷氣，則在九十月之間，仍能供給多量品質優良之蔬菜。

播種及育苗　無論早熟晚熟種，均須於三四月前播種於整治良好之苗床。早熟種須於一月內下種，晚熟種須三四月內下種。早熟種多利用溫室。晚熟種多利用溫床或冷床。亦有用露地苗床者，惟此法不甚可靠。因其種子甚小，發芽遲緩，最好播種於木框中之潮溼土壤而薄覆之。待苗長至適度大小，須移至另一木框，行株距各約二寸。此木框可置於冷床中。灌水及其他，均須特別注意。待定植時乃移出。如苗生長過高，可以翦削短之。

苗之移植　移植前土壤須充分潮溼。移植後須有一部分蔽蔭，故家庭園之植芹者，每每移植於葡萄或玉蜀黍之行間。普通行距爲五寸。但常須視軟化之方法而異，由二尺至四尺者，亦非罕見。

移植多用移植器。植苗後，須撮土向根際壓緊。如氣候炎熱，移植時須行摘心。

軟化法　芹之軟化法，計有四種：（一）培土法。此爲最廣行之方法，惟高溫時期，依此法易致腐敗，故常於晚秋行之。卽十月上旬生長達一尺五六寸時，各株上下二處，以藁寬縛其葉，乃耡起畦間之土，打碎土塊，培於株之兩側，高八九寸。更經十日，再爲培土，至稍露葉端爲度。如是一月，可完全軟化。（二）床軟化法。廣闊而高之畦，且栽植距離狹時，同時數行軟化，土既不足，費力亦多。乃於高畦周圍一尺許所生之株，先培土使之軟化。待其採收後，再以其處之土，軟化畦中央之株。（三）板圍法。此法乃以板代土法。於八月頃，芹已充分生長，乃將板密接於株之兩側並立之，而於板之外，打椿護之。板用幅一尺，

第六十八圖　芹菜之板圍軟化法

長六尺，厚一寸許之松板可已。板間稍入土粉或細砂，則二十日後，即可充分軟化。全圃可分先後數回行之。（四）窖內軟化法。冬季積雪多之寒地，組織硬化，在露地不易行軟化者，多用此法。乃於一二月頃，取露地養成之株，根部帶多量之土，掘取移入二十度左右之窖室或溫床，密爲排植之，適度灌水，則數日後莖葉俱軟白矣。以上四法，各有得失，就經濟及軟化後之品質而言，以（一）（二）兩法最有利。

管理　肥料多施於前作物，我於栽植後鋪於土上。栽植畢，爲防地表之乾燥與雜草之發生，可以藁或乾草蓋之。旱魃時當時時澆水。追肥後須行中耕，除草亦宜隨時行之。

收穫　收穫期早生種八月下旬至十一月上旬，晚生種自十二月至次年三月，得隨時採收。掘取後，除其根與枯葉，束爲把而販賣之。

第二十五章　旱芹

學名 Carum petroselinum

英名 Parsley

產地　原產於地中海沿岸。今歐美皆盛植之。

用途　爲最優良之香生菜，西餐中常配於肉類或三門治中食之。因其綠葉甚美，又有加於各種肴饌上以爲裝飾品者。

栽培法　不擇風土，栽培極易。能耐夏季之旱熱，並可繼續生長至深秋結冰之後。一株旱芹，除供夏季需用外，可於深秋掘起，置冷床木框或地窖內之花缽中，以供冬季之生菜。其種子小而發芽遲緩，故土壤須整治良好，並須含水豐富。欲求苗之生長佳良，可於温床淺播之，隨時灌以需要之水分。若播種於露地，須雜少許蘿蔔種子，以爲行間之標記。因其性甚耐寒，故早春播種亦無妨。若播種於温床者，在甘藍移植

第六十九圖　旱芹

時，亦須移植於露地行間宜爲一尺或一尺半。間苗或移植後，株距宜爲三寸至六寸。中耕及除草，視需要而行之。如環境良好，定植三月後，其葉卽可採用。每次採收時，一株只可採取數葉。如是一季中可繼續採收甚久。停止採葉後，如非爲採種之用，宜將全株毀之。

第二十六章 芫荽

學名 Coriandrum sativum

英名 Coriander

產地 原產於地中海沿岸，我國到處栽培之。

用途 此菜脚葉之闊大者，細嫩柔軟，有特別香味，可放於肴饌上爲裝飾與香辛料。其果實亦可作香辛料，歐美多用於糖果酒類中。我國則多以供藥用。

栽培法 栽培甚易，凡園土皆宜植之。尤喜溫暖輕鬆之溼地。春秋季俱可播種。春季播種者，夏秋採收供食用；秋季播種者，冬季及翌春採收供食用。播種後宜隨時中耕除草，並施以稀薄液肥。

第四編　花菜類

花菜類之種類不多，僅花椰菜、木立花椰菜、朝鮮薊等數種。平常多併入莖菜或葉菜中論之。但此類菜供食之主要部分爲花蕾或花梗，與以莖或葉供食者顯然有別。且栽培方法，亦頗有不同之處，故仍另列爲一類。

第一章　花椰菜

學名 Brassica oleracea var. botrytis

英名 Cauliflower

產地　花椰菜實爲甘藍之變種，故凡產甘藍之地，亦產花椰菜。

用途　花椰菜之香氣不及甘藍，而味美則過之，可煮食、醃食或醋漬。

風土　花椰菜較之其相似之菜如甘藍等，爲最不耐風土之變遷。因此其栽培，每不如甘藍之易。又因其甚畏炎熱，故在露地栽培者，多爲早春或秋季寒期之蔬菜土質喜肥沃之壤土。過於輕鬆或黏重之土，均不適宜。最適宜之土，爲不速乾燥而能繼續供給需要之水分者。肥料以充分腐熟之馬糞爲最上。於整地時施入土中而仔細混拌之。

育苗及植苗　在北方栽培者，因早熟及晚熟而不同。早熟種之播種約與早甘藍同，或稍遲數日。惟不能如甘藍於秋季或冬季在冷床中育苗。但如此播種者，結果難望完善。其苗必須於温室或温床中育成之。花椰菜之幼苗，不及甘藍幼苗之堅強，故較甘藍稍遲數日行移植。栽培晚甘藍，可於略有蔭蔽之處設苗床，或徑於栽培之地播種亦可。苗床所育之苗移植時概用手。行株距離，以便於中耕爲度，最少不宜過於一尺半。遲熟種之移植，在

第七十圖　花椰菜　（左）花椰菜因氣候過熱過燥發育不良之狀（右）發育良好之花椰菜

美國多用移植機，行間三尺，株間視品種由一尺至二尺。

管理　花椰菜最須勤於中耕，土面應不見絲毫雜草。行淺耕不特使土表疏鬆，亦可略修去鬚根，甚有助其發育。其他一切管理，均較他種蔬菜須格外注意。小花球生出約雞卵大時，即須以近旁之葉卷護之，使不受日光雨水，致色澤退敗。捲縛葉片之草繩，最好按成熟之早晚，分爲數種，以便於採收時，易於識別。

第七十一圖　花椰菜捲縛軟白法

收穫 花球達一定大小，即可採收。採收方法，多用刀割取，至少須留葉二三片。然後移室中，將葉片修理整齊，使外觀悅目。西洋販賣花椰菜，尚有以紙包護花球者。

第二章 木立花椰菜

學名 Brassica oleracea var. botrytis

英名 Broccoli

產地 木立花椰菜盛植於歐美，而以英法栽培者爲尤多。

用途 與花椰菜同。惟其莖較爲粗糙，花球不及花椰菜之大，

第七十二圖 木立花椰菜

其生育期間亦較長，故一般人皆認爲花椰菜之未進化者。

栽培法　此菜僅適於冬季暖和之氣候。常於夏季播種，主要生育期間經過冬季，至次春採其花球供食用。欲求結果優良，宜與秋甘藍同時播種，同時移植。如冬季氣候溫暖，留於圃地亦不妨。如氣候劇冷，則須連根泥掘起，置於適宜之儲藏窖中，至次春再移植於圃地，以完結花球。

第三章　朝鮮薊

學名 Cynara scolymus

英名 Artichoke

產地　原產於歐洲之南部及非洲之北部。今世界各處皆栽培之，惟較北之寒地爲少耳。

用途　此菜供食之主要部份，爲肥厚之花托及總苞片。常煮而加油鹽食之。有時亦有生食者。其葉如濱菜之軟白者，可爲熟食葉菜。

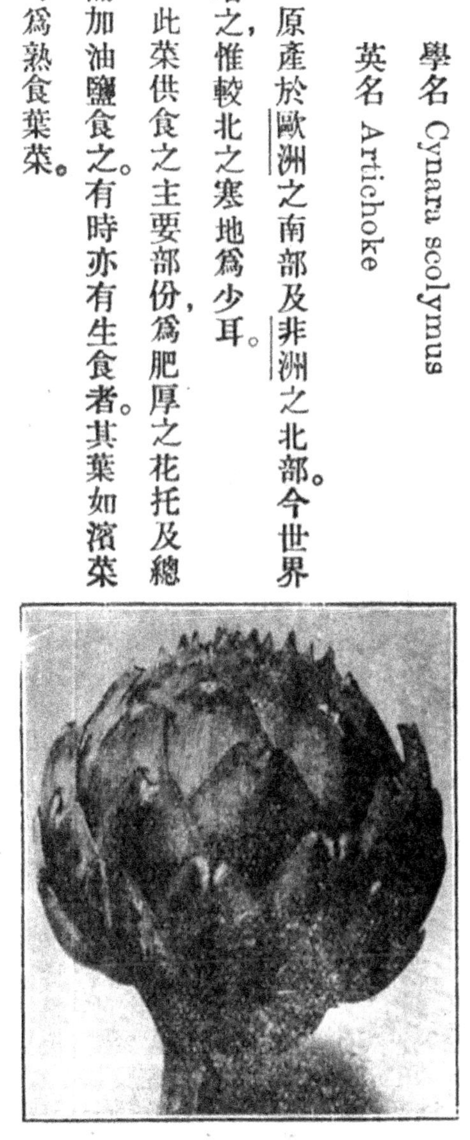

第七十三圖　朝鮮薊

栽培法　此菜之繁殖，可用播種或分株。採用分株法者，尤爲通行，因其優良種性較易保存也。供繁殖之分蘖，多於春季生機未開始前在老株之根冠處割取。播種者須至次年方得收穫。惟先在溫床中育苗者，則本年秋季亦可採其花球。在南方栽培者，困難極少。北方栽培者，在冬季須將其根冠用土或肥料草藁等護之，以防霜雪之侵害。但此法最易阻空氣之流通。如人工便利，最好一一用花缽覆之。種子普通向種子店購買。播種前須加特別處理，使其立即發芽。一株可取多數之分蘖分植之。栽植時宜取溫暖之土壤，行株距各二尺半，或行距三尺株距一尺半。中耕宜勤。冬季須照前述方法，施以護蔽。次春行間苗，每株留三本。如此可望於七月採收花球。採收期須在花開前。最好於花球採收後，將老株齊地割去，以使根系不過衰竭而促新蘖之發生。

第五編　菓菜類

採菓實爲目的之蔬菜，謂之菓菜類，可大別爲以下之數種。

(一)蓏菓類　胡瓜　越瓜　扁蒲　苦瓜　絲瓜　西瓜　甜瓜　南瓜　番南瓜　冬瓜

(二)茄菓類　茄子　番茄　辣椒

(三)莢菓類　豌豆　蠶豆　菜豆　穭豆　大豆　花生　豇豆　刀豆

(四)雜菓類　甜玉蜀黍　菱　黃秋葵　角胡麻

蓏菓類爲一年生之蔓性作物。頗畏霜害。最需溫暖之氣候，尤不能不有充分日光之照射。生育期概長，播種宜早；如欲其在秋季前成熟，早播尤爲必要。行點播者多，常充主要經濟作物。移植頗爲困難。不得已而育苗，可植於花鉢或木框中。

茄菓類亦爲熱季蔬菜。亦須全季之生育，方能完熟。平常茄菓類非至霜期已至，其生長絕不停止。欲求產量豐稔，宜播種甚早。普通多用苗床育苗。在生育初期，尤須施以多量速效之肥料。概行點播。

莢菜類分寒季與熱季二種。寒季種爲豌豆及蠶豆，其餘多屬熱季。均屬豆科植物，能利用空中之氫素，但供蔬菜用之豆類，在初期亦須施以氫肥，以促其發芽。

雜菜類爲不屬於以上三類而以菓實供食之蔬菜。本編所舉數種，皆爲熱季栽培者。常採收未成熟之嫩菓以供食。土質以肥沃而能使生長迅速爲上。多不須移植。除優良中耕外，無須特別管理。

第一章　胡瓜（一名黃瓜）

學名 Cucumis sativus

英名 Cucumber

產地　原產地爲印度，我國自漢時流入。南北各地皆有栽培。爲重要蔬菜之一。夏期之需要頗多。

用途　胡瓜可生拌食、可煮食、可炒食，亦可爲醬漬、鹽漬、醋漬。我國更有生長達小指大，長一寸許時，採而漬於鹽水中名曰胡瓜菓，裝成小罐販賣者。

風土　胡瓜不甚選擇風土。欲望其得優良之成績，自亦有其最適宜之風土。對低溫之抵抗力最強。高溫多溼，常易致病蟲猖獗，或早日老衰枯死。是以理想上最適合之氣候，爲降雨少而不甚高溫者。土質如在黏土，水分過多，易致根之腐敗。故欲栽培之，當注意於排水。其最適宜之土質，爲砂質壤土及砂土。

輪作法　連作時易犯病蟲害，故不宜連年栽培於同一之地。前作物爲春蘿蔔、雪裏蕻、菠薐、茼蒿、雞毛菜、麥等。其後作以蘿蔔、蕪菁、白菜等爲宜。

播種期　除因寒地暖地而有差別外。更依溫床、冷床及直播與抑制栽培等而異，南京以三月中下旬爲宜。冷床育苗者較溫床須遲十日左右。又直播者較冷床更須遲二十日許。抑制栽培以收穫秋胡瓜爲目的者，其播種暖地宜七月上旬，寒地宜六月上旬。

第七十四圖　黃瓜

直播法　欲行直播先整地作畦，至無霜害之時，按預定之距離每處點播種子數粒。發芽後留強壯者一株，餘悉除去之。依此法育苗，莖葉茂，成熟遲，而收量少。不如用苗床育苗法之爲佳也。

移植法　此法初播種於温床。其後則假植之於冷床，以使其苗强健。行條播或點播。播後覆土厚五六分，更以藁蓋於其上。發芽後當注意澆水，且開閉覆蓋之物，以調節温度。其條播者，則發芽後每方二寸許留强壯者一本，餘悉去之。如苗不足時，掘起欲拔去之苗，每株方四五寸假植之亦可。播種後經五十日至六十日本葉生四五葉即可定植。苗貴短大葉色蒼老。如節間長而纖弱，葉色鮮綠者，決非優良之苗也。

苗之栽植　苗養成而後，至無降霜之患時，宜即栽植之。栽植適期依地方而異。寒地宜六月中旬，暖地宜五月上中旬。其已經假植之苗栽植稍遲，無甚大害。如未經假植者，苗生長後爲防霜起見宜早植之，切勿遲延。栽植前須預爲整地作畦。普通作四尺至六尺之畦，於其上栽植二行。株間早熟種一尺，中熟種一尺五寸，晚熟種二尺。整地後於栽植之數日前，按預定之距離，作深五寸直徑一尺許之孔，施基肥於其内拌勻之。更於其上覆新鮮土厚二寸許，乘雨後陰天或夕刻而栽植之。苗掘取時務多帶宿土，勿傷其根。否則掘之不慎，植後必甚衰弱而多死傷。

肥料　普通應用之肥料爲廏肥、堆肥、菜油粕、大豆粕、人糞尿、過燐酸石灰、草木灰等。基肥以堆肥、人糞尿、過燐酸石灰、藁灰等配合施之爲宜。追肥概用人糞尿，至少分二回施之。追肥不宜過遲，遲則當初之生長不良，易罹病害。

管理　如栽植期早，尚有降霜之患時，則夜間不可不爲之防霜。其最簡單之方法，則以長二三尺之竹片，彎曲爲半圓形，插其兩端於土中，其上以草蓆蓋之。如爲數不多，則以花鉢一一覆之亦可。生長中乘施追肥之際，爲之行中耕二三回。其後隨時除草。蔓長尺餘時，即宜立支柱，使其纏絡之。支柱概用高粱稈、細竹稈或蘆葦稈充之。長五六尺。下端插入土中，其上端每二行相交，使爲x形。相交之處以繩縛之。如此則抗風之力强。此法簡而費省，普通農家皆可行之。豐產早熟之品種，如節成胡瓜，當初葉腋生少數雄花，其後則各葉腋連續生雌花而結菓，是以不宜行摘心，使其自由生長，則收量多而成熟早。反之，免强行之，則熟期遲延，或招意外之損失。分枝難而結菓遲之品種，則當施行摘心。其法於本葉六七葉時摘去其生長點，則自葉腋發生新蔓，使其自由生長。如爲分枝易之品種，亦可無用摘心，任其自由生長可也。

病蟲害　病害有露菌病、炭疽病、白絹病。蟲害有瓜守、蚜蟲。

收穫　收穫期依土地播種期及品種之早晚而異。概言之播種後經一百日得開始收穫，可繼續四五十日。第一蓏須於小形之際即採收之，以免減殺株之生長勢力。其後之蓏則以不變黃色爲限，任其肥大而行採收。收量以一株收十五六個爲最豐。一畝地平均可得三千數百斤，多則可至五千斤。

第二章　越瓜

學名 Cucumis melo var. conomon

產地　其原產地爲我國南部及其他東亞之熱帶地方。歐美諸國鮮有用之者。

用途　越瓜雖有生食之者，然其味淡泊不甘，又無香氣，故嗜之者少。其主要用途爲鹽醃、醬醃、糟醃、酢漬及曬乾等。

風土　喜温暖乾燥，但夏季高温，雖稍潤温亦無妨。我國南北各地到處可以栽培。土質以肥沃而温潤得度之壤土、黏質壤土等爲最宜。栽培於黏質壤土者，其結菓期可以延長。性喜排水良好，但如夏季過於乾燥，亦大害其生育，當時常澆水以補給之。

輪作法　性忌連作，在同一圃地，一次栽植後，至少經六七年始可再植。前作以葱、萵苣等爲宜。亦有與麥爲間作者。後作以菠薐、雪菜、麥、蘿蔔等爲最適。

播種　播種期依暖地寒地及直播床播而異。直播者暖地宜四月上旬，我國中部地方宜四月中旬至五月上旬。北方寒地宜五月上中旬。床播者暖地宜三月下旬中部宜四月上旬寒地宜四月中旬。不爲間作者，照常整地畦幅五六尺，株間二尺。按株間穿深六七寸之穴，施基肥蓋土。以待播種或移植。如爲麥之間作者，則當播麥時，每隔二畦留一空畦，屆時將空畦耕起，穿穴施肥與前者相同。種子有直播於圃地者，亦有育苗而移植者，移植根易傷，故普通以直播爲最安全。如必用苗床育苗，其方法與胡瓜、甜瓜相同。播種後經五日乃至七日發芽。至生本葉二三葉無霜害之憂時，即可移植之。直播須於施基肥後經一星期土粒沈定後即可行之。其法於欲播種之處，將地表一寸五分許以鏟鬆軟之。每處下種五六粒，覆土厚五六分，以手壓實，再蓋乾草或切藁，以防表土硬固。

管理　中耕須行三回。直播者，生本葉時，可行間拔，同時株之周圍，以手搔鬆之。乃施第一次追肥，覆土於肥料上。且乘便培土於其根際。其後再乘第二第三次追肥時分行中耕二次。摘心法甚多，其最優良者，則爲本葉四枚時摘心，使生二蔓。此二蔓伸長達五六葉時，再摘心，使各生四蔓。各蔓如不生雌花則更留一葉，互續摘心。至生雌花而後止。其後放任之可也。摘心宜避雨天，當於雨後行之。不然生育惡劣，易於落葉。

收穫　暖地早生種自五月中旬開雄花，六月中旬開始生雌花。花謝後早生種經十日乃至二十日得收穫。晚生種則須經二十日至三十日。普通自七月中旬至九月中旬收穫完了。一株平均可得五六瓜。每畝以重計之，可得一千五六百斤。

第三章　扁蒲

學名 Cucurbita lagiraria

英名 Calabash gourd

產地　爲印度及非洲之原產。栽培起源約在二千年以前。我國自古栽培。南北各地無不有之。

用途　扁蒲用途可與肉煮食，亦可作蜜餞。種得其法則其蓏碩大。小之爲瓠杓，大之爲盆盎。腐瓤可以喂猪。犀瓣可以灌燭。爲用甚廣。

風土　性喜高温，忌寒冷。其初期需適度之降雨。入結菓期則喜晴而惡雨。土質不甚選擇。雖瘠薄之地亦能發育。而高燥向南開暢之砂質或黏質壤土最爲合宜。

播種　播種期依寒地暖地及直播床播而有差。大抵直播者寒地五月上旬，暖地四月上旬，中部地方四月中旬。床播者則較直播可各提早一月許。

育苗及栽植　育苗可用冷床。如欲早收穫者可用温床。當欲播種時苗床之面劃方五寸至七寸之格子，於其交叉點以指作深三分許之穴，於此點播種子，稍覆土蓋藁。且澆水使得適度溼氣。其後夜間蓋蓆，使不受冷，日間使受陽光，且不怠澆水，則四月上旬播種於温床者經十三四日發芽。如一處播二粒者，發芽後經二星期留強壯者一株而去其一。自播種後經四十日許，本葉生四五枚，即可定植。其時在中部地方即爲五月中旬也。當定植二日至五日前，以廚刀距苗二三寸許切入土中。而斷其處之根，待自斷面發白根之時移植之，則易於蘇生，少枯死之患。栽植法與南瓜同。

管理　苗栽植後根邊鋪水藻粃糠藁類，使土中得保適度水分，且防土之染汚其葉。如不爲間作者，當於其旁插帶葉之竹枝，或其上蓋麥稈以遮斷陽光而防其凋萎。至充分蘇生復原，可悉除去之。摘心法依栽培者之目的或望其結菓之多，或欲其菓形之大，須各斟酌之。如圓扁蒲以製乾蒲爲主而欲其菓之大者，則於本葉六七葉時施行摘心，使生四蔓。其後經十五六日，此四蔓再各殘五葉至七葉而行第二回摘心，使每蔓再各生四五蔓。此即謂之孫蔓，大抵能生雌花者也。雌花之向下而其子房帶長形者結菓常確實，其向上而子房帶圓形者概易於凋落。故見有蔓之具此類易凋落之雌花反不生雌花者，當再殘一二葉行第三回摘心。其後任其自由生長，則結蓏概確實而偉大也。至如長扁蒲之欲其蓏數之多者，則亦如圓扁蒲先行二回摘心，而得多數孫蔓。此孫蔓不問其生雌花與否，殘二葉摘心，使生曾孫蔓。此曾孫蔓生雌花後，留生於最下部之一雌花，而於雌花之上留一葉摘心。其後任其自然生長，惟除去自結菓之葉腋所發生之腋芽及勢力虛弱之蔓，則結菓確實而多，且形亦不至過小也。中耕可乘施肥之便行之。第一次追肥後鋪麥稈於株之周圍。及最後一次之施肥畢，地上全部悉以藁鋪之，所以防蔓葉之爲土所汚，蓏菓之接觸土面及雜草之發生也。如遇旱魃，則當於根株之所在處立目標，以便隨時澆水。此外圓扁蒲達如頭大之際，則將蓏一一擺正，使蓏梗在上，以免形狀不正，亦屬主要。

收穫　播種後經一百二十日得開始採收。以新鮮品供烹調者，未熟而達適度之大時，可隨意收採之。製造蒲乾者必待其稍熟而後可採。其未熟者水分多而肉軟弱，乾後光澤既劣而減量亦甚大。其適期當爲花謝後經四十日。蓏當初色淡綠而毛茸密生。至此期色更淡而略帶白色，毛茸亦過半消失而甚滑。又蒂梗近邊之毛茸，擦之不落，此皆爲蒂達適度成熟之證，當卽收穫之。如過期不採，則毛茸完全消失而皮硬化，卽不足用爲製造或烹調矣。每畝地之收量約二千五百斤至三千五百斤。

第四章　苦瓜

學名 Momordica charantia

英名 Balsam apple

產地　原產於東印度。我國自南番傳入。日本自我國傳去。歐美概作爲觀賞植物，栽培不盛。

用途　此菜肉有苦味，非嗜之者不堪食。常於其青嫩時煮肉或鹽醬供食。亦有薄切乾燥，貯以供食者。

栽培法　不選風土，栽培甚易。其種子待蒂呈橙黃色卽可採收。以水洗而充分乾燥，貯以候用。直播床播俱可。先整地作畦，畦幅二三尺。株間一尺五寸。施基肥，稍覆土，經十日許，至土粒沈定，卽可播種。其時約在五月上中旬頃。床播者可照胡瓜、絲瓜於四月上中旬播種。五月中旬定植之可也。肥料可照胡瓜準酌施之。乘施肥之便行中耕，且隨時除草。及蔓伸長，宜如胡瓜立支柱以扶之。播種後經九十日乃至一百日。葉大抵十分生長，外皮綠色，卽可採收。自七月中旬始至降霜期止可隨時收穫者也。收量一株十個許。

第五章　絲瓜

學名 Luffa petola

英名 Luffa

產地　原產於印度，我國自南方傳入。

用途　此瓜未熟時頗柔軟，可作蔬菜供食。及其成熟，纖維發達，卽不堪食。惟其纖維需要亦甚多，可代海綿，以擦身上之垢或洗刷器物，更可爲藥用。

風土　氣候喜溫暖而有適度濕氣者。土質最宜於肥沃腐植質多之壤土，而砂質壤土次之。潤濕得度之平坦地生育最佳。乾燥之地生育遙緩，且葉短而纖維粗，故卽爲採纖維栽培者，在乾燥之地宜當常澆水以補給之。

輪作法　絲瓜可連作，栽培多時其前後作物俱可以麥充之。否則與一般瓜類略相同。

播種法　其播種期如作蔬菜而欲採者，則預計至無霜害時得以移植，先期播種可也。至爲採纖維栽培者，不望其收穫之早，寒暖二地床播俱以四月中旬播種爲宜。直播再遲十日可也。播種有直播床播二法。欲行直播，於施基肥覆土之處，稍耙鬆之，將種子之尖端向下插入，一處插四粒，便爲四角形，各粒相距三四寸。覆土厚七八分，更以粃糠或其他之物覆之，使其易於發芽。若用苗床法，宜在日照佳良之處，設幅四尺長隨意之冷床。每距三寸許，一處播種二粒。尖端向下插之，覆土厚七八分。其上更蓋以藁，自後夜間以草蓆掩蔽而防寒，日間使受日光，且時爲之澆水。則經十日乃至十四五日發芽，乃爲間拔。每距三寸留一株。其後經二十餘日，生本葉三枚，卽可選雨後或傍晚移植之。移植之苗宜多帶宿土，栽植畢宜澆水，且於根際鋪藁或水草以防凋萎。

管理　直播者發芽後如尚有霜凍之害，當爲之防寒。至生本葉二枚時，卽可間拔，每處留一株。如見有生育不良者，則掘欲拔去之苗補植之。直播者間拔時或前作物收穫後行之。其後每隔十五日分行中耕二三回。至蔓長四五尺，宜搭棚使其纏絡。絲瓜之習性能於蔓之先端連續結果，故概不摘心，任其發生枝蔓。擇強健者四五枚，使其向前充分伸長。其餘細弱之蔓悉除去之。蔓長未達一丈二尺許時所生雌花，結菓後難肥大，可於幼嫩時收採供食。當其未生雌花時，如有雄花，可除去之。及既生雌花，則對雌花一留二雄花，餘可除去。雌花當開花之際，子房已長三四寸，菓梗亦肥大，故一見即得識別焉。食用者貴小形，可任其多結菓。一葉腋生數雌花亦不必删去。纖維用者雌花多時，當删摘之。

收穫　食用者，花謝後達相當之大，尙未硬化時，宜即採收。如纖維發達硬化，即不堪食。普通採收期自八月上旬至十月下旬止。採纖維者花謝後經三四十日，瓜之上部或尾部變淡黃色，重量減輕時，即可採收。未熟者纖維軟而質劣，過熟者纖微輒帶黑色，其收穫期普通自八月下旬至十一月上旬止。收量食用者一株可得十二三個，每畝二千斤左右，採纖維者一株平均收四個。

第六章　西瓜

學名 Citrullus vulgaris

英名 Watermelon

產地　原產於非洲。今日栽培者，以美國爲最盛。歐洲除俄國南部外，嗜之者寡。我國栽培區域

第七十五圖　西瓜(一)

第七十六圖　西瓜(二)

頗廣。

用途　此瓜主作水菓生食，爲夏季解渴所不可少之品。亦可製菓醬。其幼菓及菓皮可蜜煎、糖煎或醬醃。種子可炒而充消閑品。

風土　喜溫暖日照充足之地，適於南方之栽培。夏季最畏雨溼，故雨少之夏季，方能望豐收。土壤以溫暖、肥沃，而排水優良之砂質壤土爲最宜。位置宜偏南向，可促其早熟。

輪作法　西瓜之前作，必須爲豆科作物。其後作則爲白菜類、蘿蔔、蠶豆、豌豆等。連作切須避免，至少須隔五六年，方可再植西瓜。

整地及施肥　如土地磽瘠，宜於秋季重施廏肥而行深耕。冬季休閑。至次春播種前三四星期，再細爲耕耙，務使土壤十分勻細。通常先以犂淺耕，而繼之以碟耙或齒耙。再過一二星期，乃整之爲畦，畦中央高而兩旁低，使成弧形，以便排水。畦幅由八尺至一丈五尺，株間二尺至四尺。大致整枝者畦幅寬而株間小，粗放者畦幅狹而株間大。肥料除廏肥外，可用人糞尿、胡麻餅、豆餅、灰、米糠、過燐酸石灰等。追肥多用稀薄人糞尿。

栽植法　栽植有直播與移植二法，因移植極易失敗，普通多用直播法。播種期暖地宜四月中旬；寒地宜四月下旬。播種期既至，乃擇雨後數日，於預定距離之處，以手鏟再細碎土而平之。乃掘穴深八九寸，闊一尺半至二尺，而置於腐熟之廏肥約二三寸厚，於是塡土幾滿，而與肥料仔細混拌。再於其上撒佈草木灰或雞糞約磅許，另加土使穴與土面齊平，而使之混拌良好。每穴乃播種十至十二粒，種子尖端務使向下，每粒相距約一寸，乃覆細土約厚五六分。如不用土覆蓋以砂，粃糠，切藁或水藻代之亦可。

管理　種子在發芽後，如尙有霜凍之害，宜有相當之設備以防之。至生本葉四片時，每穴留健全者三株，餘悉去之。中耕宜淺，於間苗時行一回，以後於壓蔓時再行一回。粗放栽培而分枝易之品種，不行摘心。專門栽培者，則於生本葉五六枚時留四葉摘心，令發生四蔓，然後令其自由伸長。苗長六七寸時，須將根旁所培之土鏟平，使苗向畦之一側擰臥壓之。其後蔓每長尺許，壓蔓一次。壓時以一手提起其未壓之一端，以鏟打鬆其下面之土，將土粉碎，盡去其硬塊粒，乃置蔓其上，略用力拉直，以極軟之溼泥團長三寸徑一寸許者就節間壓之。又爲節省養分及使瓜肥大計，宜摘去不應留之瓜，每株通常以留二個爲度。結瓜而後，爲防瓜兩面顏色之不均，多行翻瓜手續。大抵自拳頭大起，每週須翻一次，使陰面向日；至成熟之時爲止。

收穫　西瓜之成熟期，早生種在七月上旬。雨天少時，大抵花謝後三十五日至四十日卽可完熟。完熟之特徵：（1）皮面以手指彈之，發鬆脆聲。（2）皮面毛茸消失而滑澤。（3）底面作黃色。（4）底部之臍稍爲凹入，而其四周則充分肥大。（5）菓梗旁之卷鬚開始枯萎。（6）將菓摘下，投入水中則上浮，此皆瓜完熟之特徵也。

第七章　甜瓜

學名 Cucumis melo var. reticulatus

英名 Muskmelon

產地　原產地一說爲印度，一說爲非洲，但無論如何，可決其爲出自熱帶地方。今歐美日本及我國，無不栽培。

用途　主爲生食水菓。美國在夏季，消費尤多。

風土　喜溫暖乾燥氣候。播種後如遇霪雨，種子易於腐敗。發芽後潤溼得度，苗之生育可佳。漸長則漸忌溼氣。開花結瓜期，尤忌水溼。溼多則花瓜易落，卽不落者，其芳香亦必大損。土質以排水佳良而含腐植質豐富者爲上。如合此條件，則任何土壤均宜。普通多植於種西瓜之輕砂土，種玉蜀黍之灰色滓質壤土，及土層深之草原地。地勢以微向南傾斜而北面略有樹林障蔽爲最宜。

輪作法　甜瓜在輪作順序中，須位於豆科作物之後。因其最需腐植質，如前作爲豌豆、苜蓿、紫雲英等，均可耕覆爲綠肥，故極爲有利。其餘作物，可與西瓜同。

肥料　甜瓜之栽培地，雖含有豐富之腐植質，仍須施以肥料，方能望豐收。普通多於每株之下，用鋤埋以腐熟之廏肥，覆土約三四寸。其上乃播種子，再覆土一二寸，使其處較土面

第七十七圖　甜瓜

略高。如人工昂貴之處，則可於播種前撒播廏肥於土面，然後用叉使其與土混拌良好，亦可得優美結菓。條播肥料用耙混拌亦可。

栽植法　甜瓜爲長期作物，在北方栽培者，最好先於溫床中行育苗。此法較直播者，成熟可早十餘日。粗放栽培者概不行移植。多於整好之地作畦幅四尺，株間一尺二寸至二尺。於施肥之點每處下種四五粒，種子之尖端須向下。覆土畢後，其上須再蓋粃糠、藁稈，或水草等，以防乾燥。專門栽培者，移植實爲必要。移植手續頗爲困難，非精於此道者，每易失敗。宜植於肥料腐熟之地，且須俟土面充分溫暖而不遭霜害時，方可着手。更須擇曇天或傍晚時行之。若不得已在乾燥之日行移植，則植後每株須酌行灌水。

管理　行直播者，發芽後宜行間苗。可分二回行之。第一回在本葉出時，每處留二株，第二回在本葉三枚時，每處留一株。如爲間作者，於前作物收穫後，卽行中耕。至蔓長一尺許行最後一次追肥時，當埋土於其根際。摘心亦二次，第一次在本葉三枚留二葉摘之，使發生二枝。此二枝各長五六葉時，各留四葉摘之，如是可發生八枝，已足結瓜之用矣。其餘管理法，可參酌西瓜行之。

收穫　暖地早熟種七月中旬卽可採收。寒地卽早熟種亦須至八月始可採收。其成熟與否，可由其香氣、色澤，及硬軟之度測之。

第八章　南瓜

學名 Cucurbita pepo and C. maxima

英名 Pumpkins

產地　南瓜之原產地，一般人皆信爲美洲之熱帶。今各國皆栽培之。

用途　我國多以其嫩瓜或成熟之瓜煮食或烹調爲肴饌食之。亦有與米共炊或作爲餅食之。更有切爲薄片乾燥貯藏之，或用糖蜜成瓜片者。其種子可炙食，爲優良之消閑品。西洋供食用者，多爲番南瓜，普通南瓜多以作飼料之用。僅有一二種可以作瓜排（Pumpkin pies）。

風土　喜溫暖乾燥之氣候。土質喜空氣流通之砂質壤土或黏質壤土。瘠地產者能早熟，砂礫地者味佳，美沃地產者收量固多，惟品質反不佳。

輪作法　南瓜除求早熟外，不行連作。其前作多爲麥、韭、雪菜、茼蒿、菠薐等，後作爲蘿蔔、蕪菁、白菜等。

播種及育苗　南瓜有直播及育苗二法。育苗者，暖地三月上中旬，中部地方三月中下旬，寒地四月上中旬播種。直播者宜較上述各日期遲十日以上。育苗可用冷床或温床，播種法及管理等，悉與胡瓜同。

苗之栽植　栽植期大抵在四月下旬至五月中旬。若未屆栽植時期苗已過於伸長者，可行摘心，以抑制其勢力。栽植前當整地作畦，畦幅三尺至四尺。株間普通自二尺至四尺，依早、中、晚及矮性或蔓性適宜定之可也。

第七十八圖　南瓜

管理　栽植後十五六日行第一次中耕，其後經十日至十五日行第二次中耕。除矮生種外宜行摘心。最通行之法，爲蔓生長至五六葉片時，摘去其先端，使發生四主枝，配置於四方任其生長。其後生雌花之葉腋，見有側枝發生，當除去之。其餘管理，與胡瓜同。

收穫　收穫期大抵自播種後經九十日至一百十日得開始採收。凡花謝後，第一瓜經二十日可以採收。自第二瓜後，則經三十日至四十日採收，但欲採嫩瓜者，不在此例。

第九章　番南瓜

學名 Cucurbita pepo, and C. maxima or C. moschata

英名 Squash or Vegetable marrow

產地　爲東印度原產，歐美食用之南瓜多屬之。其與南瓜相異者，爲南瓜菓實扁圓形，番南瓜菓實作瓠形而如瓢簞是也。我國栽培亦多。

品種及用途　分夏季與冬季二種。夏季種多以嫩瓜供食用，冬季種則必用成熟之瓜。一切食法與南瓜同。

栽培法　番南瓜所好之風土，悉與南瓜同。夏季種多爲叢生，行株距以三四尺爲宜。冬季種爲蔓生，行株距宜八九尺至一丈。肥料須用腐熟之廄肥，與土壤混拌良好。幼苗最畏霜凍之害，故行直播者，其播種必須土壤充分溫暖及氣候穩定之後。概行點播，每點播種八粒至十粒，然後用鋤覆土深約六七分。至本葉四五片時行間苗，每處留強健者三四株。雄雌花同株，在昆蟲少之地方，宜行人工授粉。收穫夏季種多於青嫩時採收，冬季種青嫩時採收亦可，惟欲貯藏者，必須待其老熟，外皮堅硬之後。秋霜至時，宜及早採收完畢。距結瓜處一寸許之莖葉宜留之，曝於日光下數日，夜間以瓜蔓或草蓋覆之，以防霜害，至外皮堅硬時爲止。乃移華氏五十度之室中貯藏之。貯藏時愼須留意，勿傷其皮，否則易於腐壞。

第七十九圖　番南瓜

第十章　冬瓜

學名 Benincasa cerifera

英名 Wax gourd

產地　原產於我國及印度，歐美不多見。以東亞及非洲栽培最盛。暖地如琉球、臺灣、廣東等處，常產大形之菓。

用途　冬瓜概烹調爲肴饌食之，然亦有鹽醃或作爲蜜餞之用。

風土　喜温暖乾燥。寒地多以之爲夏季蔬菜。大抵雨少而温暖之年，病害少而落菓亦少，可得豐產也。土質不甚選擇。而其最適當者，則爲肥沃之壤土砂質壤土排水佳良而具有適度濕氣者。

播種及育苗　播種期。煖地三月上中旬，中部地方三月下至四月上旬，寒地宜四月中旬。其發芽困難，且需高温。春季播種過早，即利用温床，亦往往不能速行發芽。不如稍遲播之較爲安全。平常多早行播種育苗而移植。先播種於温床中，行條播或點播，播後覆土五六分，其上更蓋之以藁。先假之於冷床，至本葉四五片時，乃可定植於圃地。

苗之栽植　栽植之時期方法等，悉與南瓜同。肥瘠適中之地，畦幅早、中、晚悉可六尺。株間早熟及中熟種二尺五寸至三尺，晚熟種以三四尺爲宜，亦有寬至六尺者。

收穫　收穫期寒冷之際播種育苗者，自播種後越百五十日始得收穫。溫暖之際播種或用溫床育苗者，經百十日許卽成熟而可開始收穫。凡花謝後經四十日許，菓卽成熟。在南京自七月中旬至九月下旬得以繼續採收。蓏至可收之期，卽成長達固有之大，而現固有之色。多數品種蓏面生白粉而粗毛消失，卽爲成熟之徵。收量每畝以三千斤爲豐作，最豐作之年可得六千斤。

第十一章　茄子

學名 Solanum melongena

英名 Eggplant

產地　茄之栽培起源甚古，原產地或爲印度。十七世紀，始傳入歐洲。我國自暹羅傳入。至今各地栽培甚盛。

用途　多煮食或混肉類煎食。醃食乾糟均可。在醫藥上亦有用之者。

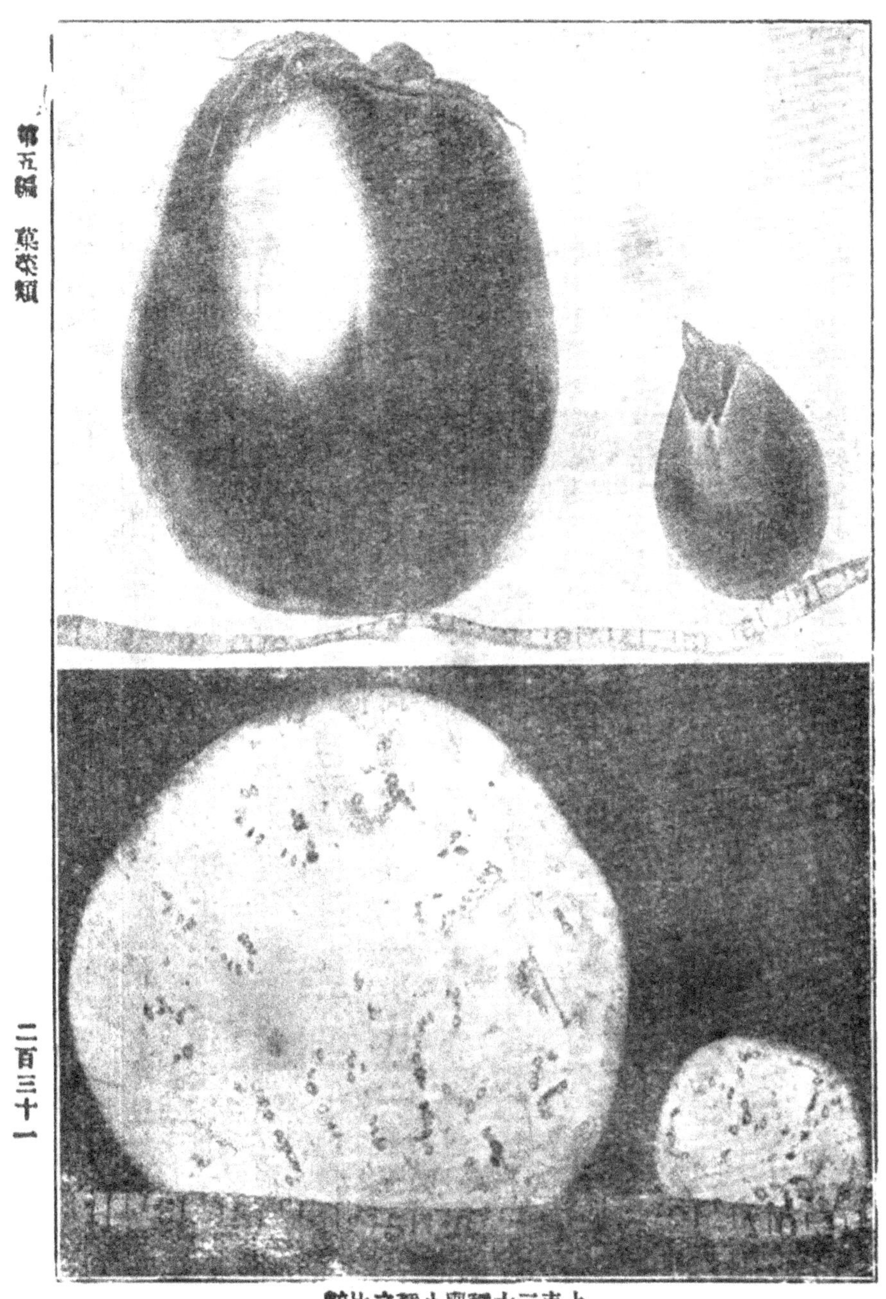

第八十圖 茄

上表示大種與小種之比較

下表示二種之橫切形及其內容與種子等組織

風土　茄爲熱季主要蔬菜，故其栽培上最需要之條件爲高溫。南方常可大規模栽培。北方菜園中，亦可植之，惟須先在温床中育苗。生育期間極長中途若受阻礙，收成必難良好。夏季天氣過燥時，須勤行灌水。土質以温暖、疏鬆爲上，最宜於富於腐植質之壤土或砂質壤土。黏重土切須避之。

育苗法　茄子因生育期長，中北部地方，在六月以前，氣候每尙寒冷，故常須在温床中先行育苗。且在移植時，苗之生育，必須良好，故在露地育苗在三月中，卽須下播。有温室之地，最好於其中播種，否則可用冷床或温床。其温度在日間須爲華氏八十度至八十五度，夜間爲六十五至七十度。三四週後，苗已至相當大小，可移於二寸徑之鉢中，而置於温室或温床內。花鉢中須用最肥沃之土壤。至根系充滿此鉢時，可移植於三寸五分徑之鉢。如根系充滿此鉢時，外面猶未温暖，宜再移於五寸徑之鉢。隨時均須以温室或温床保護之。卽在六月中，外面氣候不佳，亦須如此行之。植於鉢中時，又須注意，勿使其受鉢之束縛，蓋此足以妨其生長也。

苗之栽植　育成之苗，高四五寸發生本葉六七枚而外面又無霜害時，可移植之。大致暖地在四月中旬，中部地方在五月中旬，寒地在五月下旬至六月中旬。移植前土地須整治良好，耕地後須隨之以耙，以保持土中水分。並須施以多量之肥料。排水良好之高燥地，可作平畦。降雨多之地方及溼地，則作高畦。移植時將苗仔細從鉢中移出，愼勿使其根系受傷。行距宜爲三四尺，株距宜爲二三尺。栽植宜較苗床內生長時稍深。其根旁之土，須以手緊壓。栽植畢根旁以水草或麥稈之類遮蓋，以防土地乾燥及降雨時根邊之土硬結或汚損葉面也。

管理　栽植後中耕宜勤，普通須行三四回，每次相距十五日許。其後見雜草則隨時除去。生長後有強風處，每株插一支柱扶之。又逢旱魃，可於畦間灌水。

收穫　茄子達三分之一成熟時，即可採收供食用。雖達充分之大，亦可留於株上而不損其品質，惟過度成熟，則頗不利。欲求產量豐富，宜不待其充分成長而採收之。採收期普通自播種後九十五日至一百十日可開始採收，至霜降時爲止，可隔日採收一次。採收在傍晚或早露未乾時，則色濃厚；日中收者色澤劣。然欲長久貯藏者，則宜於日中水分少時採之。

第十二章　番茄

學名 Lycopersicum esculentum

英名 Tomato

產地　原產於南美祕魯國。自栽培迄今，不過數百年。自該地乃傳播各地。今爲歐美栽培最廣之蔬菜。美國南方並有專門栽培番茄之大菜國，以備輸至北方及製罐頭之用。我國與日本在二三十年內，始有輸入，至今栽培尚未盛。惟大都會附近有之。

用途　番茄水分甚多，夏季常有作爲飲料之代用品。食之可減少疾病，輔助脂肪之消化。在番菜中可作爲生菜之材料，或製爲番茄醬，亦可煮食。此外可爲罐頭，亦可鹽醃或醋漬。種子可榨油。

第八十一圖　番茄

風土　番茄對於風土之要求與茄子無大差。惟其性略能耐稍低之溫度。故較茄子可栽培於高緯度之地方。溫暖地方如夏期不罹病害生育強健，則至晚秋卽過度微霜亦能繼續生育。不擇土質，北方較涼之地，欲使其生育期縮短，俾在霜降期前成熟，可選擇早熟種，先在苗床中育苗。不論何地俱能生育。然在有適度濕氣之壤土或砂質壤土生育最爲相宜。

育苗法　無論栽培之目的，爲就地出賣或輸至遠方，總以成熟甚早，結菓甚多爲歸。欲求成熟早，產量多，當於適當之移植期，選用強壯之幼苗。法於移植前八週至十二週，播種於溫床。播畢覆土，以種子不見爲度，其上再蓋藁澆水。當其第一對粗葉發現而尚未變爲細長時，宜移植於另一溫床，行株距各約二寸，或植於二寸徑之花鉢亦可。由此再過二三週，可移植於冷床，行株距可五寸。植於花鉢者，可移於三寸徑之花鉢，然後陷於冷床之土中。其根系於是可充分發達。幼苗移植於本田後，可得直立強健之株。在移植期將近，須使幼苗體質更爲堅強。其發育不宜過速或過茂盛。若能遵上法行之，縱環境情形變更，損失亦不大。

植苗法　由冷床中掘起幼苗，須將其周圍之土壤切爲方形。然後以鏟仔細掘起之。定植之田須先整治良好，並預開植穴，仍以鏟連苗帶土植入。再以鋤推壅泥土，使苗穩定。行株距三四尺。除矮生種外，尤以用四尺距離居多。土壤如不甚肥沃，宜施追肥。普通多用骨粉、乾血、硫酸鉀等混合肥料，每株施四分之一磅最宜。亦有基肥廄肥撒播，而追肥用化學肥料點播者。但土壤肥沃者，無論基肥或追肥，均不必施用。

移植時期，隨季節而異。普通在早玉蜀黍栽植完畢以後，倘能避免霜凍之害，則以愈早愈妙。

管理　定植以後即須行中耕。最初一二次宜深而近苗。以後則宜漸淺，以免有傷根系。欲求採收期可繼續甚久，中耕次數須多。但雨量豐富而又分配得宜者不在此限。在多數地方，須立支柱以扶縛之。普通多用五尺長之木柱，於近每株之處深插地中。苗

第八十二圖　番茄之支柱

高一尺至一尺半時，卽以軟繩縛之於柱上。軟繩須先在柱上縛緊，以免滑落。然後將苗鬆縛之，以免苗長大時莖幹受傷。苗再高一尺，當再縛一次。至高與木柱齊，當作第三次之束縛。有時品種生育強盛，更有作第四次束縛者。除單柱法外，尚有籬形、叉形等束縛法。但最普通最便利者，仍推單柱法。至於整枝方法，有促成早熟之效，惟產量則大減少。若栽培番茄爲製罐頭用者早熟與否無足輕重，宜以省事爲前提。卽晚播於溫床或冷床而直移於露地亦無不可。此種幼苗常甚小，用小移植鏟卽足。中耕全用機器，無須支柱或束縛。

收穫　番茄之採收，視其用途而異其時期。若爲自用，或就地出賣，或用製罐頭，宜待其充分成熟。若備輸於遠地，則在開始變色時，卽須採收。採收時務須注意勿使皮有破傷，否則其果易於壞爛。

第十三章　辣椒

學名 Capsicum annuum

英名 Peppers

產地　辣椒原產地在南美熱帶地方。十六世紀傳入歐洲，以西班牙栽培最盛，法國及意大利亦有栽培。我國至明末始有輸入，今各省皆栽培之，而以西南各省爲尤盛。

用途　未熟之青嫩菓，可剖去其子炒食，或爲鹽漬供食。其完熟者辣味濃厚，西南各省之人極嗜之。且常乾製而搗碎爲細粉，以作調味品。又可用作藥料，在夏季可利以發汗，冬季可爲與奮劑。亦有助消化增食慾之效。

風土　喜温暖而乾溼得度，雨水調順之氣候。不擇土質。惟欲其收量豐富，當擇排水佳良之壤土或砂質壤土。如欲其辛味強烈，宜種於瘠薄之砂土或礫土。

育苗法　辣椒之生育較番茄爲緩，須先十日在温床中育苗，方得與番茄同時移植。發芽後間拔之，使各株相距一寸許。及長二三寸，可分而假植之。或先移

第八十三圖　辣椒

入二寸徑之花鉢，再移入四寸徑之花鉢，最後置花鉢於冷床中，以使其體質變爲堅強而便移植於露地。遲熟種播於温床後，可直移於露地，勿須假植。但除南方暖地外，總以預計在秋霜前能完熟爲佳。又假植時見有直根則宜切去。至本葉五六枚，長四五寸即可定植。

植苗法　栽植之先須預爲整地，作畦寬二尺，株間八寸至一尺。定植期普通與茄子或番茄同時，以愈早愈佳，但須避免霜凍之害。通常在五月上中旬栽植。

管理　栽植後每距二三星期行中耕一次，共約三次。其後隨時除草。如在砂土，當旱魃之際，宜勤於灌水。頗少病蟲之害，無須特別防護。

收穫　收穫期有早晚，普通自八月上旬起至九月下旬終。作蔬菜之青椒，花謝後經十五六日尚未成熟而達適度之大時，即可漸次採收。其不然者，則待變赤或黄後採收。如製乾椒者，則爲省力計，待一株之菓全數完熟時，拔而曬諸日中，使其乾燥而一一摘之。每畝收量可得乾椒二百斤許。

第十四章　豌豆

學名 Pisum sativum

英名 Pea

產地　豌豆原產於歐洲之西南部，其栽培起始，當在二千年以前。我國亦自古自外國傳入，栽培區域甚廣。

用途　軟莢種之嫩莢可煮或炒而帶莢食之。硬莢種新鮮者可煮而去莢食之，或剝出種實和肉炒食之。其乾燥之種實，可乾炒供食，或磨粉製糕餌。綠色種之種實，可剝出製造罐頭，即市上所售之青豌豆罐頭是也。其豆苗在嫩時，亦可摘其頭供蔬食。

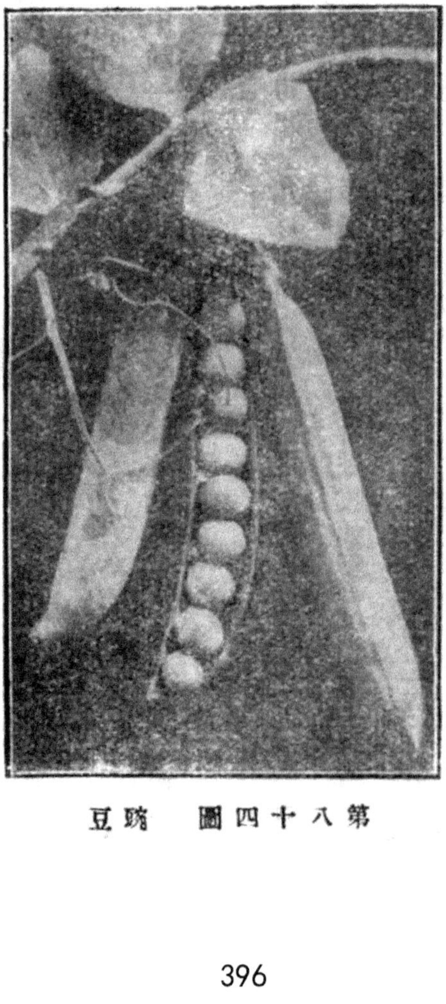

第八十四圖　豌豆

栽培法　豌豆爲上市最早之蔬菜。嘗有以豌豆上市之早晚，定園丁技術之高低者。近年北方所用之早豌豆，多由南方輸入。惟因運轉需時，其品質不免變壞。故豌豆採收後，以出售於不到一日路程之市場，方不失其鮮美之品質。此菜喜冷濕之氣候。在各種蔬菜中，以豌豆最能在冷温下發芽而生健全之苗。有時即受霜凍，亦無大害。惟開花結莢，受霜害頗有影響。故播種期仍以避免霜害爲宜。播種前整地須極精細，不可用綠肥或新鮮廏肥。播種深度，視氣候及土壤而異。在黏土播種甚早者，可深一二寸。在砂土遲播者，可深至五六寸。過度之中耕，不特無益，反爲有害。惟當幼苗時，大雨之後，宜立行中耕。如求繼續採收新豌豆，宜分數次播種。大多數豌豆皆不需支柱。惟蔓長過二尺者，必須以竹竿或蘆稈支之。豆莢之採收，宜於日落或清晨九時前行之。最須注意，勿即將莢裂開，蓋如此甚易枯壞也。

第十五章　蠶豆

學名 Vicia faba

英名 Broad bean

產地　原產地爲裏海南方。其栽培起源極古，約距今四千年以上。最初傳入歐洲。至紀元前一世紀之頃傳入我國。更傳至日本。其傳入印度爲近代事。美國傳入未久，栽培不盛，需要亦少。英國及加拿大則栽培盛而需要多。我國為重要蔬菜之一，南北各地栽培甚盛。

用途　其子實柔軟時可為種種烹調供食。乾燥之子實亦可煮食或乾炒代糕餌食之。更可磨粉為糕餅之原料。又可以之製造豆醬或醬油。在外國有將其粉與麥粉混合製為麵包食之者。

栽培法　蠶豆與氣候之關係略似豌豆。惟耐寒力較之稍弱，故寒地不宜秋播。喜黏質壤土，砂

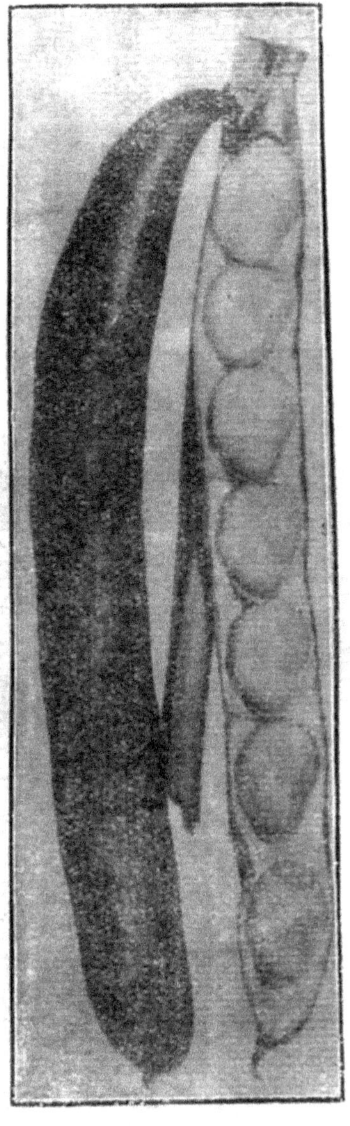
第八十五圖　蠶豆

質壤土，石灰土之土層深而適度濕氣之土地。此外有機物過多之輕鬆土過乾過濕及土層淺之土地，生育上概非所宜。播種適期為十月上旬至十一月中旬。過遲則因溫度過低不能發芽，或根之生育不良易受寒害，過早則葉過繁茂亦易受寒而損傷。普通多行條播。苗長二三寸時行中耕一次。至

四月中開花前再行第二次中耕。以後隨時除草可也。收穫期依土地品種用途而異。普通自五月上旬始至六月下旬止。其成熟先後不齊，宜自下部之莢漸漸採收。若以鮮豆供食者，則莢尙未老種實肥大時卽可採收。如欲乾燥者，以下部之莢變黑色爲度。刈取莖莢以連枷擊出其豆粒。

第十六章　菜豆(一名四季豆)

學名 *Phaseolus vulgaris*

英名 Kidney bean

產地　原產地爲美洲之熱帶。今北美到處皆有栽培。歐洲如法國、西班牙等處栽培亦多。我國各省栽培均盛。

用途　其豆莢及豆粒青嫩時，可煮食或和肉炒食。歐美栽培者，因其生產費比較爲賤，多以充家畜之飼料。

第八十六圖　菜豆

栽培法　最喜排水優良之黏質壤土或砂質壤土。在黏重土含腐植質及肥料過多者，反易延遲成熟期，有蔓葉繁茂豆莢減少之勢。低窪之地，欲植菜豆，宜作高畦。先須耕耙整治良好。輕砂土壤，施用腐熟廏肥，不妨稍多。草木灰及燐酸石灰，可酌量施之。菜豆最畏霜害，如播種過早，極易枯死。故播種必須在土地充分温暖，氣候穩定之後。北方至早須在六月一日以後播種。播種法多用條播或點播。矮叢生種條播時，行間宜爲二尺至二尺半，株間二三寸。點播者，行距與條播同，株距一尺至一尺半。每處播種四五粒。若播蔓生種，則行株距宜各爲三尺。每處播種四五粒，深一寸許。苗長一尺以上，當以竹竿或蘆稈支之。全生育期中，宜行淺中耕，以除去雜草，保持水分。在土面潮濕時，愼勿行中耕，蓋恐汚泥染及葉面也。成熟時可用手採摘。惟大規模栽培以充飼料時，則齊地用刀將莖蔓割之。

第十七章　藊豆

學名 Dolichos lablab

英名 Hgacinth bean

產地　原產地爲印度及爪哇地方。自栽培迄今約三千餘年矣。歐美諸國及其他温暖地方栽培不盛。我國自古輸入，到處皆有。惟栽培亦不大盛。

用途　嫩莢可用種種烹調法供食。更可爲鹽漬或乾燥貯藏之。子實可爲糕餅之原料，及作豆沙餡之用。

栽培法　對於風土及前後作物之關係與菜豆無大差。惟其耐旱力較菜豆遙強，旱魃亙一月餘之久，雖已落葉，尚能生育如常，得有相當收穫。此作物普通多栽植於籬邊。如欲栽培於圃地，則整地作畦，畦幅二尺至二尺五寸，株間一尺乃至一尺五寸。當四月下旬至五月上旬每處點播種子四五粒。自八月上旬始得以漸次採收。至霜降期收穫完畢，收量每畝約一千六百斤。

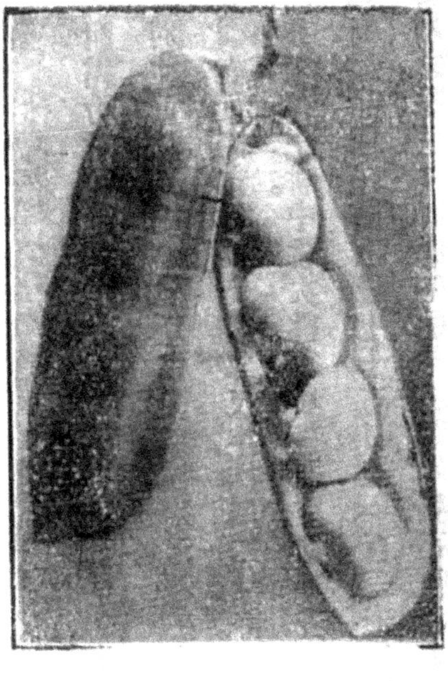

第八十七圖　藊豆

第十八章　大豆

學名 Glycine hispida

英名 Soy bean

產地　原產地爲日本，我國之東南部，交趾、支那、爪哇，其他海南諸島與原產地之日本，自古栽培甚盛。此豆在東亞地方雖自古著名但其傳播則甚晚。印度亦輸入未久。歐洲於十八世紀末葉，始傳入英國。美國在十九世紀始有輸入。

用途　此豆在蔬菜上之用途甚廣。其嫩豆可煮而食之。亦可帶莢煮食或醃食。其成熟者可炒食，並可製豆芽、豆腐、醬油、豆油等。近年豆食公司創設，以之製造餅乾、糕餌、素麵與其他種種食品。大規模栽培者，更可作食糧及飼料。

栽培法　大豆最喜砂質壤土，較他種豆類之耐霜力爲強。耐旱能力，亦遠勝玉蜀黍。播種前宜精細整地，並重施腐熟廏肥。若根上菌瘤稀少，宜特別注重氫肥或輸種豆根菌。氣候須溫暖，五六月頃方可播種。在輪作制中通常種於麥類之後。行條播者，行間宜爲二尺至二尺半，株間二寸許。中耕宜淺。苗出土時，即須行第一次。雨後及雜草叢生時，亦須行中耕。中耕次數，須與玉蜀黍相等。若與菜豆等間作，則非降雨後，不可行中耕。其豆莢之成熟期，視品種在播種後七十五日至一百三十日。採毛豆莢煮食者，宜用手摘取。作飼料者，宜於開花初刈之。收豆粒則須在豆莢變黃尚未完熟時割取。

割時用鐮刀或用特製之收割機。用手拔起曬乾打落亦可。

第十九章　花生

學名 Arachis hypogaea

英名 Peanut

產地　原產於巴西，至十五世紀，傳入非洲，其後傳至亞洲而至我國，更自我國傳入日本。現在南北各地，皆有栽培，北方山東等地，出產尤多在青島每年有大宗出口。

用途　帶殼花生，可炒而供消閑品，花生仁亦可炒食糖菓中用花生尤多。花生仁榨出之油，名生油，煎炒蔬菜多用之。歐洲各國如法國、西班牙等處，多以之代橄欖油。劣等花生，可充飼肥豬之用。花生藤亦可飼畜。

栽培法　喜砂質壤土。黏重之土，豆莢難穿入土中以完其生長。黑色土壤，易使殼色低劣，失減商業上價值。灰色多孔之土壤而又不甚肥美者，最爲適宜。肥料以鉀質及燐酸爲主要。土中腐植質過多，有蔓葉繁茂，品質低劣之趨勢，亦宜避之。耕地宜早，耙耘宜細。玉蜀黍播種後，即宜下種。點播或條播。普通行株距各二尺至二尺半，每處播種二三粒。種子須先脫去外殼，愼勿傷其內皮。播下後，覆土宜深二寸許。在生長期中宜行數次淺中耕。舊法多於花謝後，以土向株上堆壅，其實此項工作，並非需要，平耕有時產量似尙較多。花開後最須注意，勿震動或傷損莖蔓。播種後約五月成熟。外國有特製之收穫犂，此犂在行間經過後，能將主根切斷，及將花生鬆起。其莖蔓可聚之成堆，花生可用籮篩與土分離之。

第二十章　豇豆

學名 Vigna catjang

英名 Cowpea

產地　原產爲東亞地方，我國印度及日本自古盛行栽培。到處皆有，爲夏季重要蔬菜之一。

用途　其莢頗柔軟，宜炒食或煮食。豆粒之白者，可以製豆沙餡，亦可爲糕餌之原料。其莖蔓可爲飼料及綠肥。

栽培法　此菜最畏霜害，惟矮叢生種，在北方亦可栽培。無論黏重輕砂土壤，均適其生育。又因善於集收空中游離氫素，故爲改良土壤最佳之綠肥。其耐旱耐熱之力亦強。播種期暖地大抵自四月起，寒地須自五月初旬始可下播。播種地宜潮濕温暖。如播種期過早，土壤猶甚寒冷，則種子必易腐壞。整治必須精細。若行條播，行間宜爲一尺半至二尺半。播種後，覆土深二寸許。若行撒播，則播種後無須特別管理。條播者中耕一二次亦足。歐美栽培者，多割第一次之莖蔓爲飼料，第二次乃任其結莢。惟作蔬菜者，仍以第一次所結之莢品質爲較優。採嫩莢多用手。作綠肥者，多先割其莖蔓使橫臥於土面，然後用犂耕覆入土中。

第二十一章 刀豆

學名 Canavallia ensiformis

英名 Sword bean

產地 原產地爲東亞地方。我國及日本自古栽培之。歐美至近年始輸入。

用途 其子實可以煮食。嫩莢煮食醬醃蜜煎俱佳。

栽培法 喜温暖，寒地子實難以成熟。土地喜黏質而排水佳良者。宜忌連作。欲採收種子者須早播於苗床而後移植之。使其得充分之生長期而可十分成熟。一畝種子量須八升。播種期直播宜五月上中旬。床播宜四月上中旬。床播者每隔四五寸點播一粒，眼宜向下。覆土厚一寸許。其上厚蓋藁，不可深植。深則往往誤發芽。普通經四五日子葉即出地上。其後注意澆水。自播種後經三十日即生本葉，可以移植。不問直播與移植，其畦幅俱爲二尺五寸。株間一尺二寸至一尺五寸。莖一尺許生長時行中耕。立支柱。過繁茂時爲之摘心。至八月上旬，莢長五六寸，即可順次收穫。一株普通得八莢乃至十莢。

第二十二章　甜玉蜀黍

學名 Zea mays var. saccharata

英名 Sweet corn

產地　玉蜀黍之原產地爲美洲。其栽培起源，當在數千年前。至近數百年，始傳入歐洲及我國。

用途　玉蜀黍爲普通作物之一，其供蔬菜用者，只甜玉蜀黍一種。大致於幼嫩時採而煮食之。或脫其粒炒而食之。作罐頭用者，則採柔軟而在乳熟時之飽滿穀粒。先以水煮而後裝入罐中。

栽培法　甜玉蜀黍多適於北方之氣候。南方栽培者，香味較遜。其栽培法與普通玉蜀黍同，惟較精細耳。土質喜肥沃溫暖之壤土。整地耕耙均須良好。肥料則用充分腐熟之廏肥。播種以愈早愈妙，蓋可提早上市也。種子宜稍多，因播種過早，如遇不良氣候，易致腐壞。欲促玉蜀黍之早熟，須於廏肥之外，加施速效氰肥。最早之播種，宜於霜害過時行之，以後每間十日播種一次，至深秋爲止。行條播或點播均可。行點播者，以縱橫均可行中耕爲佳，行株距均宜爲二尺半。每點播種六粒，使發出三株至五株。行條播者，行間宜爲三尺，株間七八寸。宜常行淺中耕，以除去雜草及保持土中水分。播種後九十日至一百日，即可採收，宜連靑殼採之。

第八十八圖　甜玉蜀黍

第二十三章　菱

學名 Trapa natans

英名 Water chestnut

產地　爲東半球温暖地方之原產，其野生品到處皆有。惟改良品則產於印度及我國，在我國其栽培極古，現在江南多水澤之區，莫不利用湖池河塘以栽培之。其出產之盛，當不亞於蓮藕也。

用途　菱之嫩者可剝皮生食。老者可煮食或風乾食之，更可與米共炊爲飯爲粥以代糧食。

栽培法　菱好暖而喜水，概利用湖沼池河而栽培之。南方水澤天賦，農家常以此爲副業而栽培者也。水不宜過深。過深則菱之生育不佳而收量少，其栽培甚簡單。當十月中下旬後收老菱，裝小筐，浸河內，至次年三四月發芽，卽撒入水中。至六七月葉滿布水面，如有萍荇相雜，宜撈去之。若同一河池中連年栽植，有養分缺乏之虞。若欲精密栽培時，則宜酌量施人糞尿。其法取長大竹桿一，鑿通其節，一端插入河泥中，於他端注入液肥可也。其餘無特別管理。至八九月菱達適度之大，卽可採嫩者供生食。其後趨於老熟，可採而煮食之。如遲遲不採，則菱有自行脫落，沈入水底矣。

第二十四章　黃秋葵

學名 Hibiscus esculentus

英名 Okra or gumbo

產地　原產地爲亞洲之熱帶，今熱帶各國皆栽培之。我國尙少栽培。

用途　其莢菓成熟時，可供製湯羹之用。以油炒而食之，質嫩而黏，具特殊之風味。更可煮而乾燥，或爲醋漬糖漬食之。亦有製爲罐頭者。其種子可炒爲粉，以代咖啡。

栽培法　黃秋葵爲熱帶蔬菜，在中部南部地方，可於短期內栽培。北方寒地，亦可植之。土質最適砂質壤土。因其幼苗移植之不易，多行直播。惟在北方栽培者，必須先於花鉢或木框中育苗。其植科頗大，行間宜爲

第八十九圖　黃秋葵

三四尺，間苗後行間宜為一尺或二尺。中耕及除草，與玉蜀黍同。菓莢一達相當之大小，即宜立行採收。否則粗纖維發達，不適於供食用。採收後能繼續生新莢，供用之時間，頗為長久。

第二十五章　角胡麻

學名 Martynia proboscidea

英名 Martynia

產地　原產於美國印第安納衣阿華以南地方，今熱帶各國皆種之。

用途　此菜以嫩莢供食用，或煮食或鹽漬均可。

栽培法　喜温暖土壤及日照良好之處。行株距離宜寬敞，普通須各為二三尺，蓋其植科及葉片皆甚大也。無須特別管理，只須先在冷床中行育苗。其氣候温暖較早之地，則可徑植於圃地。

附參考書目錄

吳崃著　蔬菜栽培新法
周清著　蔬菜園藝教科書
吳耕民著　菜園經營法
黃紹緒著　種菜法
福羽逸人著　蔬菜栽培法
喜田茂一郎著　蔬菜園藝全書
磯部銳著　家庭園藝實驗談
市川寶太郎著　蔬菜促成園藝
喜田茂一郎著　蔬菜不時栽培法
Wilcox and Smith, Farmer's Cyclopedia of Agriculture.

L. H. Bailey, Standard Cyclopedir of Horticulture

Do , Principles of Vegetable-Gardening.

J. W. Lloyd, Productive Vegetable Growing.

S. B. Green, Vegetable Gardening.

J. D. Bennet, The Vegetable Garden.

T. Bridgeman, Kitchen Gardening.

H. A. Dreer, Dreer's Open-air Vegetables.

A. French, The Book of Vegetables and Garden Herbs.

Gardiner and Hepburn, The American Gardener.

Halsted and Byron, The Vegetable Garden.

Howard and Favor, The Home Garden.

C. Lowther, The Encyclopedia of Practical Horticulture.

H. Rawson, Success in Market Gardening.

中華民國二十二年二月初版
中華民國二十二年九月再版

(一○一四六)

高級農業學校教科書 蔬菜園藝學一冊

每冊定價大洋玖角

外埠酌加運費匯費

編纂者 黃紹緒

發行人 王雲五 上海河南路

印刷所 商務印書館 上海河南路

發行所 商務印書館 上海及各埠

(本書校對者莊呂塵)

六四三二上 記